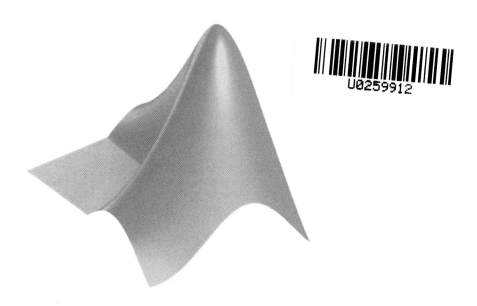

U0259912

MATLAB
基础教程

王 勇 编著

復旦大學 出版社

前　言

MATLAB(MATrix LABoratory)自1981年问世以来,已逐渐发展成为工程技术、科学计算等众多领域信赖的计算仿真平台。它是一种功能强大的计算机高级语言,集科学计算、图像处理于一身,数值计算高效,语法简单,图形设计与处理功能丰富,特别适用于非计算机专业人员完成日常数值计算、符号计算、实验数据处理、图形处理等任务,因而可以在数学、统计、控制、信号处理、计算机通信、图形生成等领域得到广泛应用。问世30多年来,MATLAB已经逐渐影响了各国高校理工科教学模式,广泛而深刻地改变了各国科学界的研究和设计模式。MATLAB现已成为理工科高等教育教学必须传授的计算软件,成为学术研究中实验数据处理和作图的必要软件。

本书系统地介绍了MATLAB的基本功能,全书正文共5章。

第一章是MATLAB基础简介,该章讲述了MATLAB的特点、发展历程、安装、界面简介、语言简介,详细讲述了MATLAB的安装、工作平台、基本特征和使用方法,以及如何借助MATLAB的帮助系统解决所遇到的困难。任何MATLAB新手借助本章都可以比较顺利地跨入MATLAB门槛。

第二章是MATLAB的向量与矩阵运算,该章描述了MATLAB的向量与矩阵的生成方法、向量与矩阵的计算方法、向量与矩阵的剪裁等。每个计算方法后面都有算例,能帮助读者在实际操作中更好地理解书中讲述的理论方法。

第三章是MATLAB绘图,集中介绍了MATLAB图形绘制的基本函数,二维图形、三维图的绘制,子图的运用,图形修饰和控制方法。该章有丰富的实例,相信读者通过该章的学习,能够很好地掌握MATLAB绘图的基本功能。

第四章是MATLAB符号运算,本章定义了符号和符号表达式,介绍了符号表达式的基本运算以及相关的常用函数,讲授了符号极限、微积分、级数求和、微分方程的求解。本章所涉及的数学理论知识都是理工科本科阶段所学知识。每个例子都有详细的编程代码,便于读者实践练习。

第五章是MATLAB程序设计,系统介绍了MATLAB编程的基本构件,数据流控制,各类子函数,几种控制流结构:for循环、while循环、if-else-end结构和switch-case-end结构,为编写较复杂程序的读者所必读。

作者近几年一直在天津财经大学讲授"MATLAB基础应用"课程,本书内容顺序与章节安排根据的是授课过程中所积累的讲义资料,教材中的实例都是课堂上作者讲授过的或者是学生的练习作业。本书的特点在于:包含大量的与数学、信息与计算科学专业相关的MATLAB理论知识的描述。本书并不关注纯粹理论知识的讲述,而是注重实际计算过程中MATLAB指令的使用及注意事项。因此,本书可以作为数学建模、科学计算、MATLAB编程、图像处理的综合教学用书和科研参考书。读者对象可以是需要数学建模、学术研究分析、理论验证、图形仿真的各类大学生、研究生、教师和科研人员。

MATLAB是一门重要而不乏味、与实际操作联系紧密的课程,作者希望读者能全心投入到这门课的学习中,学有所得、学有所乐、学有所用。通过本书的学习,能够掌握MATLAB的基本编程方法,能运用其进行诸如数值计算、符号计算、图形绘制以及系统仿真等方面的工作,并能够熟练地将MATLAB应用于数学、信息与计算科学专业的学习和研究中,解决相关课程中的数学计算、图形绘制等问题,提高科学计算与研究的效率,从而具备利用MATLAB进行计算机处理、解决实际问题的能力。

在这里,作者要感谢天津财经大学信息科学与技术系给予的支持;感谢国家自然科学基金委员会对作者研究工作所给予的资助;感谢天津财经大学信息科学与技术系同学们为本书提供的实践案例,也感谢他们为本书的校正工作提供了帮助。

由于作者的水平有限,错误和不足之处在所难免,诚恳希望读者不吝赐教。

作　者

2019年2月于天津

目　录

第一章
MATLAB 基础简介

第二章
MATLAB 的向量与矩阵运算

第三章
MATLAB 绘图

第四章
MATLAB 符号运算

第五章
MATLAB程序设计

MATLAB基础简介 ——————————

1.1 MATLAB特点

　　MATLAB的名字由MATrix和LABoratory两词的前3个字母组合而成,意为"矩阵实验室"。它和Mathematica、Maple并称为三大数学软件。它在数值计算方面首屈一指。MATLAB可以进行矩阵运算、绘制函数和数据、实现算法、创建用户界面、连接其他编程语言的程序等,主要应用于工程计算、控制设计、信号处理与通信、图像处理、信号检测、金融建模设计与分析等领域。

　　在欧美大学里,诸如应用代数、数理统计、自动控制、数字信号处理、模拟与数字通信、时间序列分析、动态系统仿真等课程的教科书都把MATLAB作为内容。这几乎成了20世纪90年代教科书与旧版书籍的区别性标志。在那里,MATLAB是攻读学位的大学生、硕士生、博士生必须掌握的基本工具。在国际学术界,MATLAB已经被确认为准确、可靠的科学计算标准软件。在许多国际一流学术刊物上(尤其是信息科学刊物),都可以看到MATLAB的应用。

　　MATLAB用法简易,可灵活运用,程式结构强又兼具延展性。以下为其几个特色:

　　(1)功能强大的数值运算。在MATLAB环境中,有超过500种数学、统计、科学及工程方面的函数可使用,函数的标示自然,使得问题和解答像数学式子一般简单明了,让使用者可全力发挥在解题方面,而非浪费在电脑操作上。

　　(2)编程效率高。MATLAB是一种面向科学与工程计算的高级语言,允许使用数学形式的语言编写程序,且比BASIC、FORTRAN和C等语言更加接近我们书写计算公式的思维方式,用MATLAB编写程序犹如在演算纸上排列出公式与求解问题。因此,MATLAB语言也可通俗地称为演算纸式科学算法语言。由于它编写简单,所以编程效率高,易学易懂。

　　(3)开放及可延伸的架构。MATLAB是用C语言编写的,而C语言的可移植性很好。于是MATLAB可以很方便地被移植到能运行C语言的操作平台上。MATLAB合适的工作平台有:Windows系列、Unix、Linux、VMS 6.1和PowerMac。除了内部函数外,MATLAB所有的核心文件和工具箱文件都是公开的,都是可读可写的源文件,用户可以通过对源文件的修改和自己编程构成新的工具箱。

　　(4)丰富的程式工具箱。MATLAB的程式工具箱融合了套装前软件的优点,有一个灵活开放但容易操作的环境,这些工具箱提供了使用者在特别应用领域所需的许多函数。现有工具箱有:符号运算(利用Maple V的计算核心执行)、影像处理、统计分析、信号处理、神经网络、模拟分析、控制系统、即时控制、系统确认、强建控制、弧线分析、最佳化、模糊逻辑、mu分析及合成、化学计量分析。

(5)高效方便的矩阵和数组运算。MATLAB语言像BASIC、FORTRAN和C语言一样规定了矩阵的一系列运算符,它无须定义数组的维数,并给出矩阵函数、特殊矩阵专门的库函数,使之在求解诸如信号处理、建模、系统识别、控制、优化等领域的问题时,显得大为简捷、高效、方便,这是其他高级语言所不能比拟的。

(6)方便的绘图功能。MATLAB自产生之日起就具有方便的数据可视化功能,以将向量和矩阵用图形表现出来,并且可以对图形进行标注和打印。高层次的作图包括二维和三维的可视化、图像处理、动画和表达式作图,可用于科学计算和工程绘图。新版本的MATLAB对整个图形处理功能作了很大的改进和完善,使它不仅在一般数据可视化软件都具有的功能(如二维曲线和三维曲面的绘制和处理等)方面更加完善,而且对于一些其他软件所没有的功能(如图形的光照处理、色度处理以及四维数据的表现等),MATLAB同样表现了出色的处理能力。同时对一些特殊的可视化要求,如图形对话等,MATLAB也有相应的功能函数,保证了用户不同层次的要求。另外新版本的MATLAB还着重在图形用户界面(GUI)的制作上作了很大的改善,对这方面有特殊要求的用户也可以得到满足。

1.2 MATLAB发展历程

20世纪70年代,时任美国新墨西哥大学计算机科学系主任的Cleve Moler教授出于减轻学生编程负担的动机,为学生设计了一组调用LINPACK和EISPACK库程序的"通俗易用"的接口,此即用FORTRAN编写的萌芽状态的MATLAB。经几年的校际流传,在Little的推动下,由Little、Moler、Bangert合作,于1984年成立了MathWorks公司,并把MATLAB正式推向市场。从这时起,MATLAB的内核采用C语言编写,而且除原有的数值计算能力外,还新增了数据图视功能。MATLAB以商品形式出现后,仅短短几年,就以其良好的开放性和运行的可靠性,使原先控制领域里的封闭式软件包(如英国的UMIST,瑞典的LUND和SIMNON,德国的KEDDC)纷纷被淘汰,而改以MATLAB为平台加以重建。当时间进入20世纪90年代的时候,MATLAB已经成为国际控制界公认的标准计算软件。

1992年,MathWorks公司于推出了4.0版本。

1993年,MathWorks公司推出了MATLAB 4.1版。也是在这年,MathWorks公司从加拿大滑铁卢大学购得Maple的使用权,以Maple为"引擎"开发了Symbolic Math Toolbox 1.0。MathWorks公司此举加快结束了国际上数值计算、符号计算孰优孰劣的长期争论,促成了两种计算的互补发展新时代。

1994年,4.2版本扩充了4.0版本的功能,在图形界面设计方面更提供了新的方法。

1995年,推出4.2C版(for win3.X)。

1997年,推出5.0版,允许了更多的数据结构,如单元数据、多维矩阵、对象与类等,使其成为一种更方便编程的语言。

1999年,推出5.3版,在很多方面又进一步改进了MATLAB语言的功能。MATLAB 5.X较MATLAB 4.X无论是界面还是内容都有长足的进展,其帮助信息采用超文本格式和PDF格式,在Netscape 3.0或IE 4.0及以上版本、Acrobat Reader中可以方便地浏览。

2000年10月底推出了其全新的MATLAB 6.0正式版(Release 12),在核心数值算法、界面设计、外部接口、应用桌面等诸多方面有了极大的改进。现在的MATLAB支持各种操作系统,它可以运行在十几个操作平台上,其中比较常见的有基于Windows 9X/NT、OS/2、Macintosh、Sun、Unix、Linux等平台的系统。现在的MATLAB再也不是一个简单的矩阵实验室了,它已经演变成为一种具有广泛应用前景的全新的计算机高级编程语言了。其功能也越来越强大,会不断根据科研需求提出新的解决方法。

2001年,MathWorks公司推出MATLAB 6.1版,6.x版在继承和发展其原有的数值计算和图形可视能力的同时,推出了SIMULINK,打通了MATLAB进行实时数据分析、处理和硬件开发的道路。

2006年9月,MATLAB R2006b正式发布了,从那时起,MathWorks公司每年进行2次产品发布,时间分别在每年的3月和9月,而且每一次发布都包含所有的产品模块,如产品的new feature、bug fixes和新产品模块的推出。在R2006a中(MATLAB 7.2,SIMULINK 6.4),主要更新了10个产品模块、增加了多达350个新特性、增加了对64位Windows的支持,并新推出了.NET工具箱。

2018年9月,MATLAB R2018b发布,该版本是MathWorks官方开发的新版本的商业数学软件,不仅可以帮助用户将自己的创意停留在桌面,还可以对大型数据集运行分析,并扩展到群集和云。另外MATLAB代码可以与其他语言集成,使用户能够在Web、企业和生产系统中部署算法和应用程序。与MATLAB 2018a相比,MATLAB 2018b拥有更多数据分析、机器学习和深度学习选项,并且速度比以往更快。其亮点包括:强大的数据分析,可以更快地导入、清理、筛选和分组数据,并有效地分析;增强的深度学习,可以更好地设计和构建模型;优化的SIMULINK智能编辑,通过点击创建新的模块端口,可以直接在图标上编辑模块参数;5G Toolbox工具箱可以对5G通信系统进行建模、仿真和验证。MATLAB 2018b是一款适用于工程计算、控制设计、信号处理与通信、图像处理、信号检测、金融建模设计与分析等多个领域的数学软件。

1.3 MATLAB安装

以MATLAB 2015a安装为例,首先准备MATLAB安装包。此版本为32位最高版本,再更新的版本全是64位版本。

（1）安装包解压。解压后的安装文件夹如图1.1所示。

图1.1

（2）左键双击setup，出现图1.2情况。

图1.2

（3）选择"使用文件安装秘钥"，如图1.3，单击"下一步"。

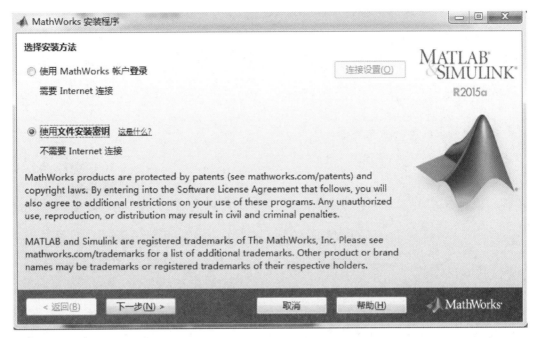

图1.3

（4）"是否接受许可协议的条款？"选择"是"，如图1.4，单击"下一步"。

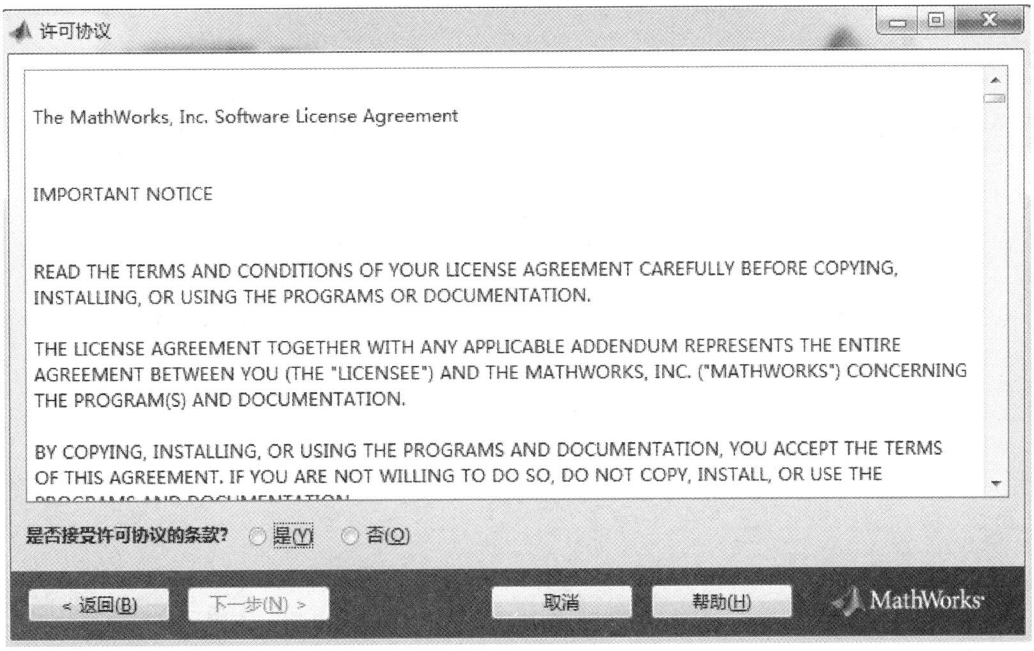

图1.4

（5）选择"我已有我的许可证的文件安装秘钥"，将秘钥复制进文本框中，如图1.5，单击"下一步"。

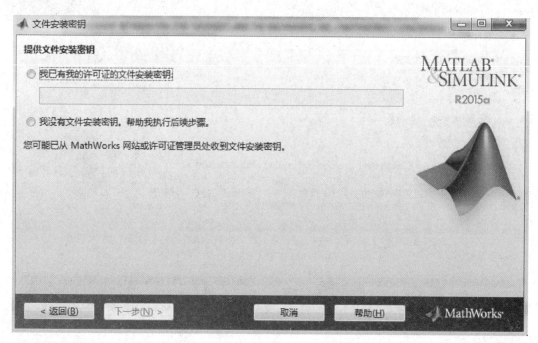

图1.5

（6）如图1.6，单击"下一步"。

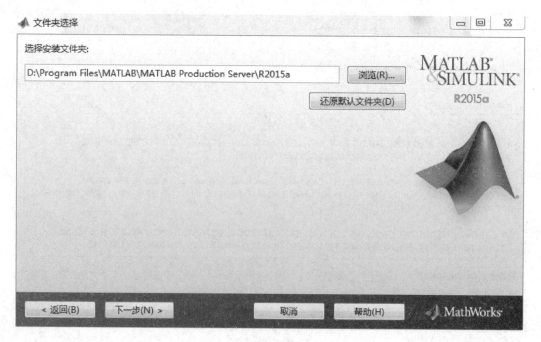

图1.6

（7）如图1.7，单击"下一步"。

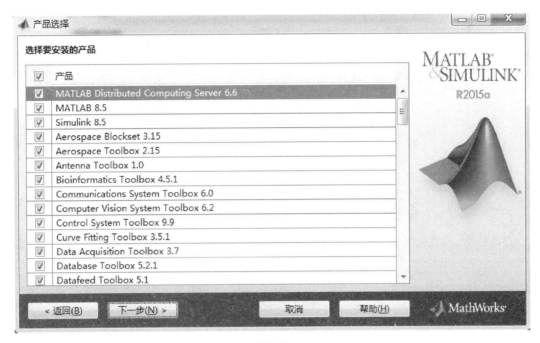

图1.7

（8）如图1.8，单击"安装"。

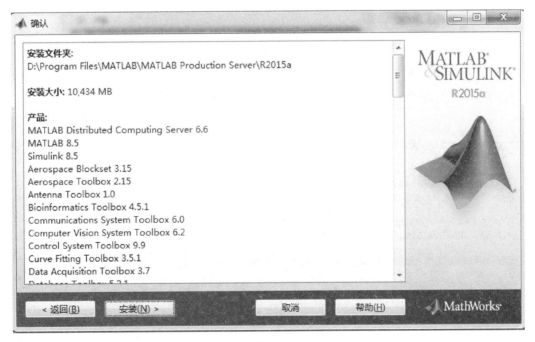

图1.8

（9）如图1.9，安装中，请等待……

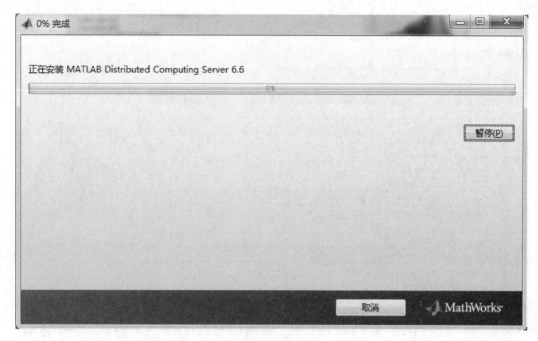

图1.9

（10）如图1.10，单击"下一步"。

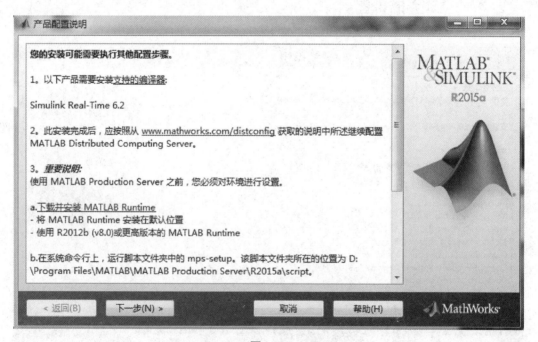

图1.10

（11）如图1.11，单击"完成"。

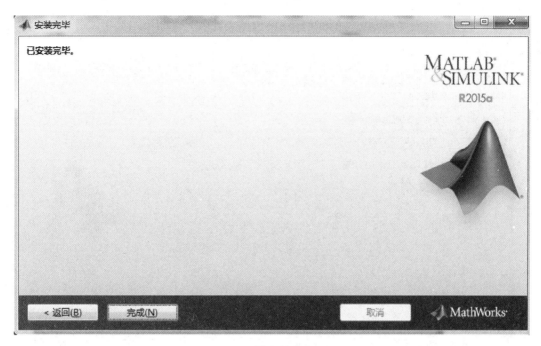

图1.11

（12）在安装目录下（D:\Program Files\MATLAB\MATLAB Production Server\R2015a\bin\）找到 matlab.exe 并双击运行。

（13）选择"在不使用Internet的情况下手动激活"，如图1.12，单击"下一步"。

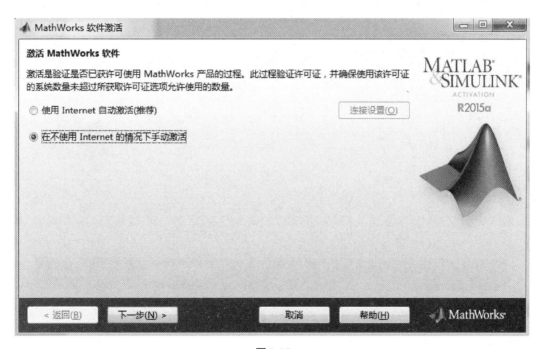

图1.12

（14）选择"输入许可证文件的完整路径（包括文件名）"，如图1.13，单击"下一步"。

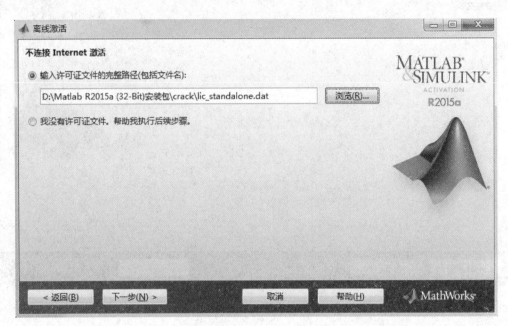

图1.13

（15）如图1.14，单击"完成"。

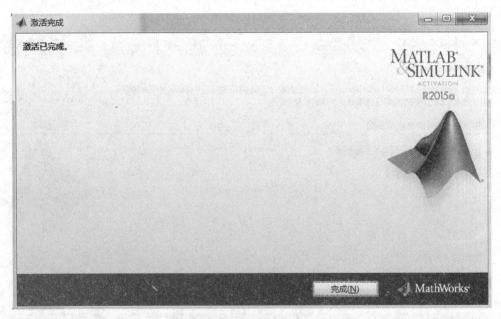

图1.14

（16）将bin文件夹下的 matlab.exe 发送到桌面快捷方式，如图1.15，至此安装成功。

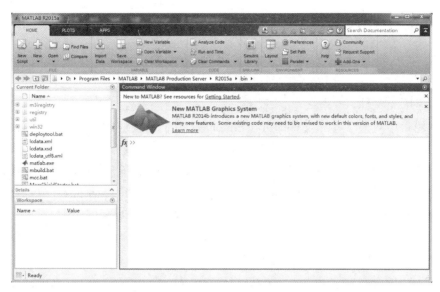

图1.15

1.4 MATLAB界面简介

以MATLAB 2011a界面为例,如图1.16,该桌面的上层铺放着4个最常用的界面:当前目录浏览器窗口、工作空间浏览器窗口、历史命令窗口、命令窗口。下面分别介绍一下4个窗口的功能及操作。

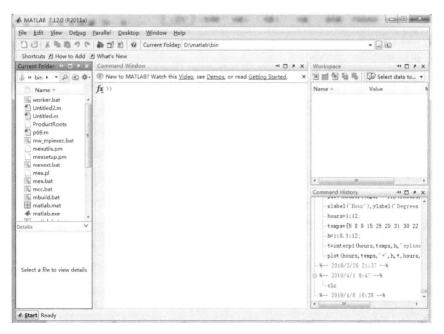

图1.16

1.4.1　当前目录浏览器窗口（Current Directory）

该窗口主要显示当前路径下包含的所有文件(当前路径须在菜单栏底下

`Current Directory: C:\Documents and Settings\Administrator\My Documents\MATLAB　▼ ... ⏏`处进行选择、设置)。

（1）打开.m文件。

在该窗口中双击已有.m文件即可在Editor窗口中打开对应的函数文件。

（2）创建新.m文件。

在该窗口中通过单击右键选择New File,即可在当前路径下创建新的.m文件。单击MATLAB界面上的 🗋 图标,或者单击菜单 "File" → "New" → "M-file",可打开空白的M文件编辑器。填写.m文件之后保存即可在当前路径下生成新的.m文件。

1.4.2　工作空间浏览器窗口（Workspace）

工作空间浏览器窗口用于显示所有MATLAB工作空间中的变量名、数据结构、类型、大小和字节数,可以对变量进行观察、编辑、提取和保存。

（1）新建变量。

在该窗口中单击右键选择New或者单击 🖽 按钮即可创建新变量,然后双击新建的变量即可进行编辑。

（2）导入变量(数据集)。

MATLAB中可以导入Mat、Excel、Text等文件。在该窗口中选择 🖽 按钮,按照提示即可导入相应的数据集。导入之后可以双击变量名,并观察数据集。

（3）保存变量。

选中若干变量,按鼠标右键出现快捷菜单,选择 "Save As" 菜单,则可把所选变量保存为.mat数据文件。

（4）删除变量。

选中一个或多个变量,按鼠标右键出现快捷菜单,选择 "Delete" 菜单。出现 "Confirm Delete" 对话框,单击 "Yes" 按钮。或者选择工作空间浏览器窗口的菜单 "Edit" → "Delete"。

1.4.3　历史命令窗口（Command History）

在该窗口中主要显示以前输入过的命令,主要操作如表1.1所示。

表1.1　历史指令窗口主要功能的操作方法

应 用 功 能	操 作 方 法
单行或多行命令的复制（Copy）	选中单行或多行命令,按鼠标右键出现快捷菜单,再选择 "Copy" 菜单,就可以把它复制。
单行或多行命令的运行（Evaluate Selection）	选中单行或多行命令,按鼠标右键出现快捷菜单,再选择 "Evaluate Selection" 菜单,就可在命令窗口中运行,并得出相应结果。或者双击选择的命令行也可运行。

（续表）

应 用 功 能	操 作 方 法
把多行命令写成M文件（Create M-File）	选中单行或多行命令，按鼠标右键出现快捷菜单，选择"Create M-File"菜单，就可以打开写有这些命令的M文件编辑/调试器窗口。

1.4.4 命令窗口（Command Window）

在命令窗口中可键入各种MATLAB的命令、函数和表达式，并显示除图形外的所有运算结果。

（1）命令行的显示方式。

● 命令窗口中的每个命令行前会出现提示符">>"。

● 命令窗口内显示的字符和数值采用不同的颜色，在默认情况下，输入的命令、表达式以及计算结果等采用黑色字体。

● 字符串采用红色；"if""for"等关键词采用蓝色。

（2）命令窗口中命令行的编辑。

MATLAB命令窗口不仅可以对输入的命令进行编辑和运行，而且可以对已输入的命令进行回调、编辑和重运行。常用操作键如表1.2所示。

表1.2 命令窗口中进行编辑的常用操作键

键 名	作 用	键 名	作 用
↑	向前调回已输入过的命令行	Home	使光标移到当前行的开头
↓	向后调回已输入过的命令行	End	使光标移到当前行的末尾
←	在当前行中左移光标	Delete	删除光标右边的字符
→	在当前行中右移光标	Backspace	删除光标左边的字符
Page Up	向前翻阅当前窗口中的内容	Esc	清除当前行的全部内容
Page Down	向后翻阅当前窗口中的内容	Ctrl+C	中断MATLAB命令的运行

（3）命令窗口中的标点符号。

详见表1.3。

表1.3 MATLAB常用标点符号的功能

名称	符号	功 能
空格		用于输入变量之间的分隔符以及数组行元素之间的分隔符。
逗号	,	用于要显示计算结果的命令之间的分隔符；用于输入变量之间的分隔符；用于数组行元素之间的分隔符。
点号	.	用于数值中的小数点。

（续表）

名称	符号	功　　能
分号	;	用于不显示计算结果命令行的结尾；用于不显示计算结果命令之间的分隔符；用于数组元素行之间的分隔符。
冒号	:	用于生成一维数值数组，表示一维数组的全部元素或多维数组的某一维的全部元素。
百分号	%	用于注释的前面，在它后面的命令不需要执行。
单引号	''	用于括住字符串。
圆括号	()	用于引用数组元素；用于函数输入变量列表；用于确定算术运算的先后次序。
方括号	[]	用于构成向量和矩阵；用于函数输出列表。
花括号	{}	用于构成元胞数组。
下划线	-	用于一个变量、函数或文件名中的连字符。
续行号	…	用于把后面的行与该行连接以构成一个较长的命令。
"At"号	@	用于放在函数名前形成函数句柄；用于放在目录名前形成用户对象类目录。

注意： 以上的符号一定要在英文状态下输入，因为 MATLAB 不能识别中文标点符号。

（4）命令窗口的常用控制命令。

clc：用于清空命令窗口中的显示内容。

more：在命令窗口中控制其后每页的显示内容行数。

clear：从工作空间清除所有变量。

clf：清除图形窗口内容。

who：列出当前工作空间中的变量。

whos：列出当前工作空间中的变量及信息或用工具栏上的 Workspace 浏览器。

delete ＜文件名＞：从磁盘删除指定文件。

which ＜文件名＞：查找指定文件的路径。

clear all：从工作空间清除所有变量和函数。

help ＜命令名＞：查询所列命令的帮助信息。

save name：保存工作空间变量到文件 name.mat。

save name x y：保存工作空间变量 x y 到文件 name.mat。

load name：加载 name 文件中的所有变量到工作空间。

load name x y：加载 name 文件中的变量 x y 到工作空间。

diary name1.m：保存工作空间一段文本到文件 name1.m。

diary off：关闭日志功能。

type name.m：在工作空间查看 name.m 文件内容。

what：列出当前目录下的 .m 文件和 .mat 文件。

Esc 或者 Ctrl+U：清除一行。

Del 或者 Ctrl+D：清除光标后字符。

Backspace 或者 Ctrl+H：清除光标前字符。

Ctrl+K：清除光标至行尾字。

Ctrl+C：中断程序运行。

Ctrl+R：添加注释，并且对多行有效，注释号在行头。

Ctrl+T：取消注释，并且对多行有效。

Ctrl+I：自动调整缩进格式，比如有 if…end、for…end 语句但是没有缩进的话，程序不太好看，可以使用此键，对多行有效。

Ctrl+Tab：可以在 Command Window、Current Directory 和 Command history 之间切换当前空间。

（5）命令窗口的常用函数命令。

help：启动联机帮助文件显示。

what：列出当前目录下的有关文件。

type：列出 M 文件。

lookfor：对 help 信息中的关键词查找。

which：找出函数与文件所在的目录名。

demo：运行 MATLAB 的演示程序。

path：设置或查询 MATLAB 的路径。

1.5 MATLAB 语言简介

1.5.1 变量和数值显示格式

1. 变量

（1）变量的命名。

变量的名字必须以字母开头（不能超过19个字符），之后可以是任意字母、数字或下划线；变量名称区分字母的大小写；变量中不能包含标点符号。

在命令窗口下输入复变量：

a = 1+2j

返回：

a = 1.0+2.0000i

创建一个时间向量：在命令窗口下输入

t = 0:1:10

屏幕上显示：

t = 0　1　2　3　4　5　6　7　8　9　10

查看向量：

t(1)

ans = 0

> **注意：** MATLAB 中的向量第一个元素的下标是 1。t = 0:1:10 产生了从 0 到 10，步长为 1 的 11 个数。

创建一个 3×3 矩阵：

a = [1, 2, 3; 4, 5, 6; 7, 8, 9]

a =

1　　2　　3

4　　5　　6

7　　8　　9

调用矩阵元素：

a (3,2)

ans = 8

> **注意：** 行向量是只有一行的矩阵，列向量是只有一列的矩阵，标量为一行一列的矩阵。MATLAB 中利用 "[ ]" 表示空矩阵。

（2）一些特殊的变量。

ans：用于结果的缺省变量名。

i、j：虚数单位。

pi：圆周率。

nargin：函数的输入变量个数。

eps：计算机的最小数。

nargout：函数的输出变量个数。

inf：无穷大。

realmin：最小正实数。

realmax：最大正实数。

nan：不定量。

flops：浮点运算数。

（3）变量操作。

在命令窗口中，同时存储着输入的命令和创建的所有变量值，它们可以在任何需要的

时候被调用。如要查看变量a的值,只需要在命令窗口中输入变量的名称即可: >>a

2. 数值显示格式

任何MATLAB的语句的执行结果都可以在屏幕上显示,同时赋值给指定的变量,没有指定变量时,赋值给一个特殊的变量ans,数据的显示格式由format命令控制。

format只是影响结果的显示,不影响其计算与存储;MATLAB总是以双字长浮点数(双精度)来执行所有的运算。

如果结果为整数,则显示没有小数;如果结果不是整数,则输出形式有以下6种:

format(short): 短格式(5位定点数),如99.1253

format long: 长格式(15位定点数),如99.12345678900000

format short e: 短格式e方式,如9.9123e+001

format long e: 长格式e方式,如9.912345678900000e+001

format bank: 2位十进制,如99.12

format hex: 十六进制格式

1.5.2 部分常用运算符

1. 算术运算符

+、− 加、减

* 乘(包括标量乘、矩阵乘、标量与矩阵乘、标量与数组乘)

/ 除(包括标量除、矩阵除以标量、数组除以标量)

^ 矩阵求幂(矩阵必须为方阵)

.* 数组相乘(向量中对应元素相乘)

./ 数组相除(向量中对应元素相除)

.^ 数组求幂(向量中对应元素求幂)

' 数组的转置

> **注意**: 数组强调元素对元素的运算,而矩阵则采用线性代数的运算方式。中括号将元素置于矩阵或数组之中。例如:
>
> >>x = (0:0.01:1)*pi   % 说明数组也可以参与运算
>
> >>a = 1:5,b = 1:2:9   % 产生2个数组(向量)
>
> >>c = [b, a]   % 利用已知的数组生成新的数组
>
> >>d=[b(1:2:5) 1 0 1]   % 由数组b的3个元素再加上3个元素组成新的数组

数组的算术运算包括加、减、乘、除(又分为左除和右除)、乘方和转置。需要注意的是除了加减符号外,其余的数组运算符号均要多加符号"."。

2. 赋值符号、注释符、冒号运算符

= 赋值符号

%　　　　注释符

:　　　　冒号运算符, n:s:m产生从n到m步长为s的一系列值。当s=1时, s可缺省

3. 关系运算符

<　　　小于

<=　　　小于等于

>　　　大于

>=　　　大于等于

==　　　等于

~=　　　不等于

4. 逻辑运算符

&　与

|　或

~　非

运算法则: 若逻辑真, 结果为1; 若逻辑假, 结果为0。例如:

在命令窗下输入n = [−2: 6];

输入y1 = n > 0

y1 = 0　0　0　0　1　1　1　1　1

输入y2 = n < 4

y2 = 1　1　1　1　1　1　0　0　0

输入y = (n > 0) & (n < 4)

y = 0　0　0　1　1　1　0　0　0

1.5.3　程序结构

MATLAB有3种基本的结构: 顺序结构、循环结构和分支结构。这里先作简单介绍, 详细介绍见5.2节。

1. 顺序结构

顺序结构是MATLAB程序中最基本的结构, 表示程序中的各操作是按照它们出现的先后顺序执行的。顺序结构可以独立使用构成一个简单的完整程序, 常见的输入、计算、输出三部曲的程序就是顺序结构。在大多数情况下, 顺序结构作为程序的一部分, 与其他结构一起构成一个复杂的程序, 如分支结构中的复合语句、循环结构中的循环体等。

2. 循环结构

for循环

for循环的语句为:

```
    for i=表达式
        可执行语句1
    ……
```

可执行语句n

end

> **说明：**（1）表达式是一个向量，可以是m:n、m:s:n，也可以是字符串、字符串矩阵等。
> （2）for循环的循环体中，可以多次嵌套for和其他的结构体。

例1.5.1 利用for循环求$1 \sim 100$的整数之和。

解：

```
sum=0;
for i=1:100
    sum=sum+i;
end
sum
sum =
      5050
```

while循环

while循环的语句为：

while 表达式

　　循环体语句

end

> **说明：**表达式一般是由逻辑运算和关系运算以及一般的运算组成的，以判断循环
> 要继续进行还是要停止循环。只要表达式的值非零，即逻辑为"真"，程序就继续循
> 环；只要表达式的值为零，就停止循环。

例1.5.2 利用while循环来计算$1!+2!+\cdots+50!$的值。

解：

```
sum=0;
i=1;
while i<51
    prd=1;
    j=1;
    while j<=i
        prd=prd*j;
        j=j+1;
    end
```

```
    sum=sum+prd;
    i=i+1;
end
disp('1!+2!+…+50！的和为：')
sum
sum =

   3.1035e+064
```

3. 分支结构

if-else-end 分支

此分支结构有3种形式：

（1）if　表达式

执行语句

　　　　　end

> **功能：** 如果表达式的值为真，就执行语句，否则执行end后面的语句。

（2）if　表达式

执行语句1

else

　　执行语句2

end

> **功能：** 如果表达式的值为真，就执行语句1，否则执行语句2。

（3）if　表达式1

执行语句1

elseif 表达式2

　　执行语句2

……

else

　　语句n

end

> **功能：** 如果表达式1的值为真，就执行语句1，然后跳出if执行语句；否则判断表达式2，如果表达式2的值为真，就执行语句2，然后跳出if执行语句。否则依此类推，一直进行下去。如果所有的表达式的值都为假，就执行end后面的语句。

例1.5.3 编一函数计算函数值：

$$f(x) = \begin{cases} x, \ x < 1, \\ 2x - 1, \ 1 \leq x \leq 10, \\ 3x - 11, \ 10 < x \leq 30, \\ \sin x + \ln x, \ x > 30。 \end{cases}$$

解：（1）建立M函数文件fenduan.m。

```
function  y=fenduan(x)
if x <1
    y=x
elseif x>=1 & x<=10
    y=2*x−1
elseif x>10 & x<=30
    y=3*x−11
else
    y=sin(x)+log(x)
end
```

（2）调用M函数文件计算$f(0.2)$,$f(2)$,$f(30)$,$f(10\pi)$。

```
result=[fenduan(0.2),fenduan(2),fenduan(30),fenduan(10*pi)]
result =
    0.2000    3.0000   79.0000    3.4473
```

switch-case-end分支

switch语句的形式为：

switch　表达式

case　常量表达式1
　　　语句块1

case　常量表达式2
　　　语句块2

case　{常量表达式n,常量表达式n+1,…}
　　　语句块n

otherwise

语句块n+1

end

功能：switch语句后面的表达式可以为任何类型；每个case后面的常量表达式可以是多个，也可以是不同类型；与if语句不同的是，各个case和otherwise语句出现的先后顺序不会影响程序运行的结果。

例1.5.4 编一个转换成绩等级的函数文件,其中成绩等级转换标准为考试成绩分数在 $[90,100]$ 分显示优秀;在 $[80,90)$ 分显示良好;在 $[60,80)$ 分显示及格;在 $[0,60)$ 分显示不及格。

解:(1)建立 M 函数文件 ff.m。

```
        function result=ff(x)
    n=fix(x/10);
    switch n
    case {9,10}
        disp('优秀')
    case 8
        disp('良好')
    case {6,7}
        disp('及格')
    otherwise
        disp('不及格')
    end
```

(2)调用 M 函数文件判断99分、56分、72分各属于哪个范围。

```
ff(99)
优秀
ff(56)
不及格
ff(72)
及格
```

1.5.4 部分基本函数

MATLAB 具有十分丰富的函数库,可以直接调用,下面列出一些基本的数学函数(见表1.4~表1.9)以及基本作图函数和自定义函数。

表1.4 三角函数和双曲函数

名　称	含　义	名　称	含　义	名　称	含　义
sin	正弦	csc	余割	atanh	反双曲正切
cos	余弦	asec	反正割	acoth	反双曲余切
tan	正切	acsc	反余割	sech	双曲正割
cot	余切	sinh	双曲正弦	csch	双曲余割

（续表）

名　称	含　义	名　称	含　义	名　称	含　义
asin	反正弦	cosh	双曲余弦	asech	反双曲正割
acos	反余弦	tanh	双曲正切	acsch	反双曲余割
atan	反正切	coth	双曲余切	atan2	四象限反正切
acot	反余切	asinh	反双曲正弦		
sec	正割	acosh	反双曲余弦		

表1.5　指　数　函　数

名　称	含　义	名　称	含　义	名　称	含　义
exp	e为底的指数	log10	10为底的对数	pow2	2的幂
log	自然对数	log2	2为底的对数	sqrt	平方根

表1.6　复　数　函　数

名　称	含　义	名　称	含　义	名　称	含　义
abs	绝对值	conj	复数共轭	real	复数实部
angle	相　角	imag	复数虚部		

表1.7　圆整函数和求余函数

名　　称	含　义	名　　称	含　义
ceil	向 +∞ 圆整	rem	求余数
fix	向0圆整	round	向靠近整数圆整
floor	向 −∞ 圆整	sign	符号函数
mod	模除求余		

表1.8　矩阵变换函数

名　　称	含　义	名　　称	含　义
fiplr	矩阵左右翻转	diag	产生或提取对角阵
fipud	矩阵上下翻转	tril	产生下三角
fipdim	矩阵特定维翻转	triu	产生上三角
rot90	矩阵反时针90翻转	det	行列式的计算

表 1.9 其 他 函 数

名　　称	含　　义	名　　称	含　　义
min	最小值	norm	欧氏（Euclidean）长度
max	最大值	sum	总和
mean	平均值	prod	总乘积
median	中位数	dot	内积
std	标准差	cumsum	累计元素总和
diff	相邻元素的差	cumprod	累计元素总乘积
sort	排序	cross	外积
length	个数		

例1.5.5

```
>>y = sin(10)*exp(−0.3*4^2)
y =
−0.0045
```

例1.5.6 表达复数 $z_1 = 3 + 4i$，$z_2 = 1 + 2i$，$z_3 = 2e^{\frac{\pi}{6}i}$ 及计算 $z = \dfrac{z_1 z_2}{z_3}$。

（1）经典教科书的直角坐标表示法。

```
z1= 3 + 4i
z1 =
   3.0000 + 4.0000i
```

（2）采用运算符构成的直角坐标表示法和极坐标表示法。

```
z2 = 1 + 2 * i            ％运算符构成的直角坐标表示法
z3=2*exp(i*pi/6)          ％运算符构成的极坐标表示法
z=z1*z2/z3
z2 =
   1.0000 + 2.0000i
z3 =
   1.7321 + 1.0000i
z =
   0.3349 + 5.5801i
```

例1.5.7 复数矩阵的生成及运算。

```
A=[1,3;2,4]−[5,8;6,9]*i
B=[1+5i,2+6i;3+8*i,4+9*i]
C=A*B
A =
```

$$1.0000 - 5.0000\mathrm{i} \quad\quad 3.0000 - 8.0000\mathrm{i}$$

$$2.0000 - 6.0000\mathrm{i} \quad\quad 4.0000 - 9.0000\mathrm{i}$$

B =

$$1.0000 + 5.0000\mathrm{i} \quad\quad 2.0000 + 6.0000\mathrm{i}$$

$$3.0000 + 8.0000\mathrm{i} \quad\quad 4.0000 + 9.0000\mathrm{i}$$

C =

1.0e+002 *

$$0.9900 \quad\quad\quad\quad 1.1600 - 0.0900\mathrm{i}$$

$$1.1600 + 0.0900\mathrm{i} \quad\quad 1.3700$$

例1.5.8 求上例复数矩阵C的实部、虚部、模和相角。

real=real(C)

imag=imag(C)

magnitude=abs(C)

phase=angle(C)*180/pi   %以度为单位计算相角

real =

  99 116

  116 137

imag =

  0 −9

  9 0

magnitude =

  99.0000 116.3486

  116.3486 137.0000

phase =

  0 −4.4365

  4.4365 0

例1.5.9 指令行操作过程示例。

（1）若用户想计算 $y_1 = \dfrac{2\sin(0.3\pi)}{1 + \sqrt{5}}$ 的值，那么用户应依次键入以下字符：

y1=2*sin(0.3*pi)/(1+sqrt(5))

（2）按"Enter"键，该指令便被执行，并给出以下结果：

y1 =

  0.5000

若又想计算 $y_2 = \dfrac{2\cos(0.3\pi)}{1 + \sqrt{5}}$，可以简便地用操作键获得指令，具体办法是：先用↑键调回已输入过的指令y1=2*sin(0.3*pi)/(1+sqrt(5))；然后移动光标，把y1改成y2；把sin改成cos便可，即得

y2=2*cos(0.3*pi)/(1+sqrt（5）)

y2 =

    0.3633

注意：设置精度值。

---

t =   2.8957e-007

digits（8）   % 精确到小数点后8位

sym(t,'d')

ans =.28957372e-61.

基本作图函数如下：

plot	绘制连续波形
stem	绘制离散波形
axis	定义x, y坐标轴标度
subplot	分割图形窗口
hold	保留目前曲线
grid	画网格线
title	为图形加上标题
xlable	为x轴加上轴标
ylable	为y轴加上轴标
text	在图上加文字说明

例1.5.10 画出函数 $y = \sin x^2$ 在 $-5 \leq x \leq 5$ 的图形。

解：MATLAB命令：x=-5:.1:5;   % 取绘图横坐标向量点 x

y=sin(x.^2);

plot(x,y),grid on

结果如图1.17：

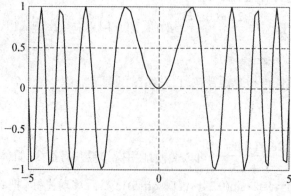

图1.17

此外,用户可以自己编制函数,此即自定义函数,函数文件也是 .m 文件。编制和调用都非常方便。

例1.5.11 定义一个升余弦函数。

```
function y = raicos（t）
y=1/2*(1+cos(pi*t)).*(t>-1 & t<1);
```

第一行 function y = raicos（t）为函数定义行,定义一个名为 raicos 的函数,y 为输出参量,t 为输入参数,y 与 t 均为形式参数。MATLAB 的自定义函数文件的名字要与函数名统一,因此,该函数存为 raicos .m,这样就可以被其他文件调用。

```
t = -2: 0.01:2;
x=raicos（t）;
plot(t,x)
```

习题1

1. 与其他计算机语言相比,MATLAB 语言突出的特点是什么?

2. MATLAB 系统由哪些部分组成?

3. 安装 MATLAB 时,在选择组件窗口中哪些部分必须勾选? 没有勾选的部分以后如何补安装?

4. MATLAB 操作桌面有几个窗口? 如何使某个窗口脱离桌面成为独立窗口? 又如何将脱离出去的窗口重新放置到桌面上?

5. 如何启动 M 文件编辑/调试器?

6. 存储在工作空间中的数组能编辑吗? 如何操作?

7. 命令历史窗口除了可以观察前面键入的命令外,还有什么用途?

8. 如何设置当前目录和搜索路径? 在当前目录上的文件和在搜索路径上的文件有什么区别?

9. 在 MATLAB 中有几种获得帮助的途径?

第二章

MATLAB的向量与矩阵运算 ————————

2.1 向量的运算

2.1.1 向量的生成

1. 直接输入法

这是最简单的向量生成法,我们只须按照向量的格式输入就可以了。例如我们要生成向量A=[7,8,9,4,5,6];这里A是个一维向量,其中的分量是7,8,9,4,5,6。

A=[7,8,9,4,5,6]

A =

    7   8   9   4   5   6

2. 利用冒号表达式生成向量

这种方法适用于元素与元素之间存在等距步长(差值)的情况,即当元素间呈等差数列时可以使用。冒号表达式的基本形式有以下2种:

(1)向量名 =[x0:step:xn]

(2)向量名 = x0:step:xn

其中x0、step、xn分别为给定数值,x0表示向量的首元素数值,xn表示向量尾元素数值限,step表示从第二个元素开始,元素数值大小与前一个元素值大小的差值。

注意:这里强调xn为尾元素数值限,而非尾元素值,当xn−x0恰为step值的整数倍时,xn才能成为尾值。若x0<xn,则须step>0;若x0>xn,则须step<0;若x0=xn,则向量只有一个元素。若step=1,则可省略此项的输入,直接写成x=x0:xn。

例2.1.1

```
>> a=1:2:12
a=
    1   3   5   7   9   11
>> a=1:−2:12
a=
```

```
Empty matrix: 1-by-0
>> a=12:-2:1
a=
    12  10  8  6  4  2
>> a=1:2:1
a=
     1
>> a=1:6
a=
            1  2  3  4  5  6
```

3. 线性等分向量的生成

MATLAB中提供了线性等分功能函数linspace，用来生成线性等分向量，其调用格式如下：

y=linspace(x1, x2) 生成100维的行向量，使得y(1)=x1，y(100)=x2；

y=linspace(x1, x2, n) 生成n维的行向量，使得y(1)=x1，y(n)=x2。

例如：

```
a1=linspace（1,100,6）
a1 =
        1.0000 20.8000 40.6000 60.4000 80.2000 100.0000
```

> **注意**：线性等分函数和冒号表达式都可生成等分向量。但前者是设定了向量的维数去生成等间隔向量，而后者是通过设定间隔来生成维数随之确定的等间隔向量。

4. 对数等分向量的生成

在自动控制、数字信号处理中常常需要对数刻度坐标，MATLAB中还提供了对数等分功能函数，具体格式如下：

y=logspace(x1,x2)生成50维对数等分向量，使得$y(1)=10^{x1}$，$y(50)=10^{x2}$；

y=logspace(x1,x2,n)生成n维对数等分向量，使得$y(1)=10^{x1}$，$y(n)=10^{x2}$。

例如：

```
>> a2=logspace（0,5,6）
a2 =
        1  10  100  1000  10000  100000
```

另外，向量还可以从矩阵中提取，还可以把向量看成1×n阶（行向量）或n×1阶（列向量）的矩阵，以矩阵形式生成。由于在MATLAB中矩阵比向量重要得多，此类函数将在下节中详细介绍。

2.1.2 向量的基本运算

1. 加（减）与数加（减）

例2.1.2

a1=linspace(2,60,5)

a1 =

      2.0000   16.5000   31.0000   45.5000   60.0000

a1−1

ans =

      1.0000   15.5000   30.0000   44.5000   59.0000

2. 数乘

例2.1.3

>> a1*2

   ans =

      4   33   62   91   120

2.2 矩阵的运算

矩阵是数学中一个十分重要的概念，其应用十分广泛，MATLAB中最基本、最重要的功能就是进行矩阵运算，其所有数值功能都以矩阵为基本单元来实现，掌握MATLAB中的矩阵运算是十分重要的。

2.2.1 矩阵的生成

矩阵生成有多种方式，通常使用的有4种。

1. 在命令窗口中直接输入矩阵

这是最简单，也是最常用的一种矩阵的生成方法。

例2.2.1

>>A=[1,2,3;4,5,6;7,8,9]

A =

    1   2   3
    4   5   6
    7   8   9

>>B=[1 2 3;4 5 6;7 8 9]

B =

1	2	3
4	5	6
7	8	9

注意：整个矩阵必须用"[ ]"括起来；矩阵的行与行之间必须用";"或回车键"Enter"隔开；元素之间必须用逗号","或空格分开。

2. 创建M文件输入大矩阵

M文件是一种可以在MATLAB环境下运行的文本文件。它可以分为命令式文件和函数式文件两种。在此处主要用到的是命令式M文件，用它的最简单形式来创建大型矩阵。当矩阵的规模比较大时，直接输入法就显得笨拙，出现差错也不易修改。为了解决此问题，可以利用M文件的特点将所要输入的矩阵按格式先写入文本文件中，并将此文件以m为其扩展名，即为M文件。在MATLAB命令窗中输入此M文件名，则所要输入的大型矩阵就被输入内存中。

例2.2.2 编制一名为matrix.m的M文件，内容如下：

```
%创建一个由M文件输入矩阵的示例文件
data=[ 11 21 31 41 51 61 71 81 91;
   12 22 32 42 52 62 72 82 92;
   13 23 33 43 53 63 73 83 93 ]
```

在MATLAB命令窗中输入：

```
>>matrix;
data =
```

11	21	31	41	51	61	71	81	91
12	22	32	42	52	62	72	82	92
13	23	33	43	53	63	73	83	93

说明：（1）在M文件中%符号后面的内容只起注释作用，将不被执行；

（2）在实际应用中，用来输入矩阵的M文件通常是用C语言或其他高级语言生成的已存在的数据文件；

（3）在通常的使用中，上例中的矩阵还不算是"大型"矩阵，此处只是举例说明而已。

3. 导入文档数据输入矩阵

很多数据来自Excel、txt等文档，我们没有必要一个一个输入，直接导入就可以。用importdata进行数据导入，找到相应文档，选择数据范围，确认导入。

> **说明:**(1)这时候关闭"Import"窗口,回到MATLAB主程序,在WorkSpace(工作空间)中可以看到刚刚导入的矩阵变量,接下来就可以对矩阵进行运算了。
>
> (2)每次我们关闭MATLAB程序都会将工作空间中的变量清空,所以如果经常用到该变量,不妨将该变量保存为MAT文件。
>
> (3)当然我们也可以使用importdata这个函数来导入数据,在command window输入x1=importdata("D:\\ Desktop\1.txt"),这里1.txt是已建立的文档。

4. 通过语句和函数产生矩阵

(1)零矩阵和全1矩阵。

① A=zeros(m,n)命令中,A为要生成的零矩阵,m和n分别为生成矩阵的行数和列数。

② 若存在已知矩阵B,要生成与B维数相同的矩阵,可以使用命令A=zeros(size(B))。

③ 要生成零方阵时,可使用命令A=zeros(n)来生成n阶方阵。

④ 全1矩阵用ones函数实现。

例2.2.3

```
A=zeros(3,5)


A =


    0    0    0    0    0
    0    0    0    0    0
    0    0    0    0    0


B=[1 2 3 4 5;9 8 7 6 5;4 1 4 5 6;8 3 6 3 4]


B =


    1    2    3    4    5
    9    8    7    6    5
    4    1    4    5    6
    8    3    6    3    4

A=zeros(size(B))


A =


    0    0    0    0    0
```

```
    0    0    0    0    0
    0    0    0    0    0
    0    0    0    0    0
```

A=zeros（5）

A =

```
    0    0    0    0    0
    0    0    0    0    0
    0    0    0    0    0
    0    0    0    0    0
    0    0    0    0    0
```

C=ones(4,5)

C =

```
    1    1    1    1    1
    1    1    1    1    1
    1    1    1    1    1
    1    1    1    1    1
```

C=ones(3)

C =

```
    1    1    1
    1    1    1
    1    1    1
```

（2）单位矩阵的生成。

① A=eye(m,n)命令,可生成单位矩阵,m和n分别为生成单位矩阵的行数和列数。

② 若存在已知矩阵B,要生成一个与B维数相同的单位矩阵,可以使用命令 A=eye(size(B))。

③ 也可以使用A=eye(n)来生成n阶方阵。

例2.2.4

A=eye(4,5)

A =

```
        1    0    0    0    0
        0    1    0    0    0
        0    0    1    0    0
        0    0    0    1    0
```

A=eye(size(B))   %B 与上例相同

A =

```
        1    0    0    0    0
        0    1    0    0    0
        0    0    1    0    0
        0    0    0    1    0
```

A=eye(4)

A =

```
        1    0    0    0
        0    1    0    0
        0    0    1    0
        0    0    0    1
```

（3）对角矩阵的生成

对角矩阵指的是对角线上的元素为任意数，其他元素为0的矩阵。

① A=diag(V,k)命令中，V 为某个向量，k 为向量 V 偏离主对角线的列数。k=0时表示V 为主对角线；k>0时表示 V 在主对角线以上；k<0时表示 V 在主对角线以下。

② A=diag(V)相当于 A=diag(V,0)。

例2.2.5

v=[1 9 8 1 6]

diag(v,1)

ans =

```
        0    1    0    0    0    0
        0    0    9    0    0    0
        0    0    0    8    0    0
        0    0    0    0    1    0
        0    0    0    0    0    6
        0    0    0    0    0    0
```

diag(v,−1)

ans =

0	0	0	0	0	0
1	0	0	0	0	0
0	9	0	0	0	0
0	0	8	0	0	0
0	0	0	1	0	0
0	0	0	0	6	0

diag(v,−1)

ans =

0	0	0	0	0	0
1	0	0	0	0	0
0	9	0	0	0	0
0	0	8	0	0	0
0	0	0	1	0	0
0	0	0	0	6	0

（4）上三角阵和下三角阵的生成。

triu(X,k)命令中，k=0表示主对角线以上部分（包括主对角线）；k>0表示矩阵的主对角线k列以上的部分；k<0表示矩阵的主对角线k列以下的部分。triu(X)等价于triu(X,0)。

例2.2.6

B=[1 9 8 0;1 9 8 1;1 9 4 9;2 0 0 8]

B =

1	9	8	0
1	9	8	1
1	9	4	9
2	0	0	8

triu(B,2)

ans =

```
        0    0    8    0
        0    0    0    1
        0    0    0    0
        0    0    0    0
```

triu(B)

ans =

```
        1    9    8    0
        0    9    8    1
        0    0    4    9
        0    0    0    8
```

triu(B,0)

ans =

```
        1    9    8    0
        0    9    8    1
        0    0    4    9
        0    0    0    8
```

（5）随机矩阵的生成。

随机矩阵的矩阵元素是由随机数构成的。

① rand(n)生成n阶随机矩阵,生成的元素值在区间（0.0,1.0）之间。

② rand(m,n)命令生成 m×n 阶随机矩阵,生成的元素值在区间（0.0,1.0）之间。

③ randn(n)命令生成n阶随机矩阵,生成的元素服从正态分布N（0,1）。

④ randn(m,n)命令生成 m×n 阶随机矩阵,生成的元素服从正态分布N（0,1）。

例2.2.7

rand(5)

ans =

```
    0.8147    0.0975    0.1576    0.1419    0.6557
    0.9058    0.2785    0.9706    0.4218    0.0357
    0.1270    0.5469    0.9572    0.9157    0.8491
    0.9134    0.9575    0.4854    0.7922    0.9340
    0.6324    0.9649    0.8003    0.9595    0.6787
```

```
randn(5)
```

ans =

1.0347	0.8884	1.4384	−0.1022	−0.0301
0.7269	−1.1471	0.3252	−0.2414	−0.1649
−0.3034	−1.0689	−0.7549	0.3192	0.6277
0.2939	−0.8095	1.3703	0.3129	1.0933
−0.7873	−2.9443	−1.7115	−0.8649	1.1093

（6）范德蒙德矩阵的生成。

范德蒙德矩阵是线性代数中一个很重要的矩阵。命令为A=vander(V)，其中有 $V(i,j)=V(i)^{(n-j)}$。

例2.2.8

```
v=[1 3 5 7 9];
A=vander(v)
```

A =

1	1	1	1	1
81	27	9	3	1
625	125	25	5	1
2401	343	49	7	1
6561	729	81	9	1

（7）魔术矩阵。

魔术矩阵是一个方阵，且每一行每一列以及每条主对角线的元素之和都相同（2阶方阵除外），用magic函数生成魔术矩阵。magic(n)命令生成n阶的魔术矩阵，使矩阵的每一行每一列以及主对角线的元素和相等；n>0，n=2除外。

例2.2.9

```
magic(2)
```

ans =

1	3
4	2

```
magic（3）
```

```
ans =

        8        1        6
        3        5        7
        4        9        2
```

magic(4)

```
ans =

       16        2        3       13
        5       11       10        8
        9        7        6       12
        4       14       15        1
```

2.2.2 矩阵的剪裁

A(行数组, 列数组), 取出矩阵 A 中"行数组"指定的行、"列数组"指定的列元素按原次序排列组成的矩阵。

具体用法如下:

A(i,j) 返回矩阵 A 中 (i,j) 的元素值。

A(:,j) 返回矩阵 A 中第 j 列列向量。

A(i,:) 返回矩阵 A 中第 i 行行向量。

A(:,j:k) 返回由矩阵 A 中的第 j 列、第 j+1 列, 直到第 k 列列向量组成的子阵。

A(i:k,:) 返回由矩阵 A 中的第 i 行、第 i+1 行, 直到第 k 行行向量组成的子阵。

A(i:k,j:l) 返回由矩阵 A 中的第 i 行到第 k 行行向量和第 j 列到第 1 列列向量组成的子阵。

A(:,[j1 j2 …]) 返回矩阵 A 的第 j1 列、第 j2 列等的列向量。

A([i1 i2 …], :) 返回矩阵 A 的第 i1 行、第 i2 行等的行向量。

A([i1 i2 …],[j1 j2 …]) 返回矩阵第 i1 行、第 i2 行等和第 j1 列、第 j2 列等的元素。

A(:) 将矩阵 A 中的每列合并成一个长的列向量。

A(j:k) 返回一个行向量, 其中的元素为 A(:) 中的从第 j 个元素到第 k 个元素。

A([j1 j2 …]) 返回一个行向量, 其中的元素为 A(:) 中的第 j1, j2, … 元素。

例 2.2.10

A=magic(5)

```
A =    17       24        1        8       15
       23        5        7       14       16
        4        6       13       20       22
       10       12       19       21        3
```

```
            11        18        25         2         9
>> A(2,3)
ans =7
>> A(2,:)
ans = 23         5         7        14        16
>> A(:,3)
ans =  1
        7
       13
       19
       25
>> A(1:3,:)
ans = 17        24         1         8        15
       23         5         7        14        16
        4         6        13        20        22
>> A(:,3:5)
ans =  1         8        15
        7        14        16
       13        20        22
       19        21         3
       25         2         9
>> A(1:3,3:5)
ans =  1         8        15
        7        14        16
       13        20        22
>> A([2 4],:)
ans = 23         5         7        14        16
       10        12        19        21         3
>> A(:,[2 4])
ans = 24         8
        5        14
        6        20
       12        21
       18         2
>> A([1 3 5],[2 4])
ans = 24         8
```

6	20
18	2

例2.2.11

```
>> A=magic（3）
A =     8      1      6
        3      5      7
        4      9      2
>> A(:)
ans =   8
        3
        4
        1
        5
        9
        6
        7
        2
>> A(2:5)
ans =   3      4      1      5
>> A([1 3 5 7 9])
ans =   8      4      5      6      2
```

2.2.3　矩阵的数学运算

矩阵的基本数学运算包括矩阵的四则运算、与常数的运算、逆运算、行列式运算、幂运算、指数运算、对数运算和开方运算等,下面将一一进行讨论。

1. 矩阵的四则运算

（1）矩阵的加和减。

矩阵的加减法使用"+""−"运算符,格式与数字运算完全相同,但要求加减的两矩阵是同阶的。

例2.2.12

```
a=[1 3 5;7 9 11;13 15 17];
b=[1 1 1;2 2 2;3 3 3];
c=a+b
c =

        2      4      6
```

9	11	13
16	18	20

（2）矩阵的乘法。

考虑有两个矩阵A和B，如果A是m×n矩阵，并且B是n×p矩阵，则它们可以相乘以产生m×p矩阵C。仅当A中的列数n等于B中的行数n时，才能进行矩阵乘法。在矩阵乘法中，第一矩阵中的行的元素与第二矩阵中的相应列相乘。所得到的矩阵C中的(i, j)位置中的每个元素是第一矩阵的第i行中的元素与第二矩阵的第j列中的相应元素的乘积和。

例2.2.13

```
a = [ 1 2 3; 2 3 4; 1 2 5];
b = [ 2 1 3; 5 0 −2; 2 3 −1];
f=a*b
f=
```

18	10	−4
27	14	−4
22	16	−6

（3）矩阵的除法。

矩阵的除法可以有两种形式：左除"\"和右除"/"，在传统的MATLAB算法中，右除是要先计算矩阵的逆再作矩阵的乘法，左除则不需要计算矩阵的逆而直接进行除运算。通常右除要快一点，但左除可以避免被除矩阵的奇异性所带来的麻烦。如果A是一个非奇异方阵，那么A\B和B/A对应A的逆与B的左乘和右乘，即分别等价于命令inv(A)*B和B*inv(A)。但是，MATLAB在执行它们时，计算过程是不同的。

例2.2.14

```
A=[1 2;3 4];
B=[5 6;7 8];
R=B/A
R =
```

−1.0000	2.0000
−2.0000	3.0000

```
L=A\B
L =
```

−3	−4
4	5

还是以上的例子，我们如果输入：

```
R= B*inv(A)
```

L=inv(A)*B

则

R =

    −1.0000   2.0000

    −2.0000   3.0000

L =

    −3.0000   −4.0000

     4.0000   5.0000

可以看出,这分别与用 "/" 和 "\" 计算的矩阵结果是一致的,但浮点格式表明它们的计算过程是不一样的。

一般情况下,x=a\b 是方程 a*x=b 的解,而 x=b/a 是方程 x*a=b 的解。

2. 矩阵与常数间运算

常数与矩阵的运算即是同此矩阵的各元素之间进行运算,如数加是指每个元素都加上此常数,数乘即是每个元素都与此数相乘。需要注意的是,当进行数除时,常数通常只能作除数。

3. 矩阵的逆运算

矩阵的逆运算是矩阵运算中很重要的一种运算,它在线性代数及计算方法中都有很多的论述。而在MATLAB中,众多的复杂理论只变成了一个简单的命令inv。

例2.2.15

A=[1 0 0 0;1 2 0 0;2 1 3 0;1 2 1 4]

A =

    1   0   0   0

    1   2   0   0

    2   1   3   0

    1   2   1   4

>> B=inv(A)

B =

    1.0000   0   0   0

   −0.5000   0.5000   0   0

−0.5000	−0.1667	0.3333	0
0.1250	−0.2083	−0.0833	0.2500

4. 矩阵的行列式运算

矩阵的行列式的值可由 det 函数计算得出。

例2.2.16 求上例中的矩阵 A 与其逆的行列式之积。

```
>> a1=det(a);
>> a2=det(inv(a));
>> a1*a2
ans =
        1
```

5. 矩阵的指数运算

矩阵的指数运算最常用的命令为 expm，其他的命令还有 expm1、expm2 和 expm3。其中 expm1 是由 Pade 近似计算矩阵指数，expm2 是由 Taylor 级数计算矩阵指数，expm3 是由特征值法计算矩阵指数。而 expm 函数使用的方法与 expm1 相同。

例2.2.17 计算矩阵的指数，并比较不同函数的结果。

```
>> b=magic(3);
>> expm(b)
ans =
  1.0e+006 *
    1.08975825103465    1.08959533283740    1.08966378860004
    1.08962271514245    1.08971717757707    1.08967747975257
    1.08963640629498    1.08970486205763    1.08967610411948
>> expm1(b)
ans =
  1.0e+006 *
    1.08975825103465    1.08959533283740    1.08966378860004
    1.08962271514245    1.08971717757707    1.08967747975257
    1.08963640629498    1.08970486205763    1.08967610411948
>> expm2(b)
ans =
  1.0e+006 *
    1.08975825103466    1.08959533283740    1.08966378860005
    1.08962271514246    1.08971717757708    1.08967747975257
    1.08963640629499    1.08970486205763    1.08967610411949
>> expm3(b)
ans =
```

1.0e+006 *

1.08975825103468	1.08959533283742	1.08966378860007
1.08962271514248	1.08971717757710	1.08967747975259
1.08963640629501	1.08970486205765	1.08967610411951

> **说明:** expm 的计算结果同 expm1。几个函数的计算结果是有差别的,但差别很小。

6. 矩阵的对数运算

矩阵的对数运算由函数 logm 实现。

例2.2.18 对上例中的矩阵求其对数。

```
>> logm(b)
ans =
    Columns 1 through 2
    1.96203467715006+0.08528517857520i 0.37300776197608+ 0.75895105456357i
    0.37300776197608+0.11767613948263i 1.96203467715005+ 1.04719755119660i
0.37300776197608−0.20296131805783i 0.37300776197608− 1.80614860576016i
Column 3
0.37300776197608 − 0.84423623313876i
0.37300776197608 − 1.16487369067923i
1.96203467715005 + 2.00910992381800i
```

2.2.4 矩阵的函数运算

矩阵的函数运算是矩阵运算中最实用的部分,它主要包括特征值的计算、矩阵的秩与迹的计算等。

1. 矩阵的特征值运算

(1) 用 eig 和 eigs 两个函数来进行矩阵的特征值运算。其格式如下:E=eig(X)命令生成由矩阵X的特征值所组成的一个列向量。

(2) [V,D]=eig(X)命令生成两个矩阵 V 和 D,其中 V 是以矩阵X的特征向量作为列向量组成的矩阵,D 是由矩阵X的特征值作为主对角线元素构成的对角矩阵。

(3) eigs(A)命令是由迭代法求解矩阵的特征值和特征向量。

(4) D=eigs(A)命令生成由矩阵A的特征值组成的一个列向量。A 必须为方阵。

(5) [V,D]=eigs(A)命令生成两个矩阵 V 和 D,其中 V 是以矩阵A的特征向量作为列向量组成的矩阵,D 是由矩阵A的特征值作为主对角线元素构成的对角矩阵。

例2.2.19

```
>> x=magic(3)
```

x =

    8   1   6
    3   5   7
    4   9   2

```
>> a=[1 0 0;0 0 3;0 9 0]
```

a =

    1   0   0
    0   0   3
    0   9   0

```
>> E=eig(x)
```

E =

   15.0000
    4.8990
   −4.8990

```
>> [V,D]=eig(x)
```

V =

  −0.5774   −0.8131   −0.3416
  −0.5774   0.4714   −0.4714
  −0.5774   0.3416   0.8131

D =

   15.0000   0   0
       0   4.8990   0
       0   0   −4.8990

```
>> D=eigs(a)
```

D =

　　−5.1962

　　5.1962

　　1.0000

>> [V,D]=eigs(a)

V =

	0	0	1.0000
0.5000	0.5000	0
−0.8660	0.8660	0

D =

−5.1962	0	0
0	5.1962	0
0	0	1.0000

>> D1=eig(a)

D1 =

　　−5.1962

　　5.1962

　　1.0000

2. 矩阵的秩的运算

矩阵的秩的求解可由函数rank实现。

例2.2.20

>> T=rand（6）

T =

0.9501	0.4565	0.9218	0.4103	0.1389	0.0153
0.2311	0.0185	0.7382	0.8936	0.2028	0.7468

0.6068	0.8214	0.1763	0.0579	0.1987	0.4451
0.4860	0.4447	0.4057	0.3529	0.6038	0.9318
0.8913	0.6154	0.9355	0.8132	0.2722	0.4660
0.7621	0.7919	0.9169	0.0099	0.1988	0.4186

```
>> r=rank(T)

r =

    6

>> T1=[1 1 1;2 2 3]

T1 =

    1    1    1
    2    2    3
>> r=rank(T1)

r =

    2
```

3. 矩阵的迹

矩阵的迹是指矩阵主对角线上所有元素的和,用trace函数求得。

例2.2.21

```
T=trace(magic(4))

T =

    34
```

4. 正交矩阵的运算

函数orth(A)可以很方便地求得矩阵A的正交矩阵。完整的应用形式为Q=orth(A),Q满足Q'*Q=I,Q的列数与矩阵A的秩相同。

例2.2.22

```
V=[2 2 -2;2 5 -4;-2 -4 5]
```

V =

$$
\begin{array}{ccc}
2 & 2 & -2 \\
2 & 5 & -4 \\
-2 & -4 & 5
\end{array}
$$

```
>> R=orth(V)
```

R =

$$
\begin{array}{ccc}
-0.3333 & 0.0000 & 0.9428 \\
-0.6667 & 0.7071 & -0.2357 \\
0.6667 & 0.7071 & 0.2357
\end{array}
$$

```
>> E=R'*R
```

E =

$$
\begin{array}{ccc}
1.0000 & 0 & -0.0000 \\
0 & 1.0000 & 0.0000 \\
-0.0000 & 0.0000 & 1.0000
\end{array}
$$

2.2.5 矩阵的特殊运算

1. 矩阵对角线元素的抽取。

X = diag(v)，以 v 为主对角线元素，其余元素为 0 构成 X。

v = diag(X,k)，抽取 X 的第 k 条对角线元素构成向量 v。k=0：抽取主对角线元素；k>0：抽取上方第 k 条对角线元素；k<0：抽取下方第 k 条对角线元素。

v = diag(X)，抽取主对角线元素构成向量 v。

例 2.2.23

```
>> v=[1 2 3];
>> x=diag(v,-1)
```

x =

$$
\begin{array}{cccc}
0 & 0 & 0 & 0 \\
1 & 0 & 0 & 0 \\
0 & 2 & 0 & 0 \\
0 & 0 & 3 & 0
\end{array}
$$

```
>> A=[1 2 3;4 5 6;7 8 9]
```

```
A =
     1     2     3
     4     5     6
     7     8     9
>> v=diag(A,1)
v =
     2
     6
```

2. 上三角阵和下三角阵的抽取

函数 tril,取下三角部分。

格式:L = tril(X),抽取 X 的主对角线的下三角部分构成矩阵 L。

L = tril(X,k),抽取 X 的第 k 条对角线的下三角部分。k=0 为主对角线;k>0 为主对角线以上;k<0 为主对角线以下。

函数 triu,取上三角部分。

格式:U = triu(X),抽取 X 的主对角线的上三角部分构成矩阵 U。

U = triu(X,k),抽取 X 的第 k 条对角线的上三角部分。k=0 为主对角线;k>0 为主对角线以上;k<0 为主对角线以下。

例 2.2.24

```
>> A=ones（4）     % 产生4阶全1阵
A =
     1     1     1     1
     1     1     1     1
     1     1     1     1
     1     1     1     1

>> L=tril(A,1) % 取下三角部分
L =
     1     1     0     0
     1     1     1     0
     1     1     1     1
     1     1     1     1
>> U=triu(A,-1)        % 取上三角部分
U =
     1     1     1     1
     1     1     1     1
     0     1     1     1
     0     0     1     1
```

3. 矩阵的变维

矩阵的变维有两种方法, 即用 ":" 和函数 "reshape"。前者主要针对两个已知维数矩阵之间的变维操作, 而后者是对于一个矩阵的操作。

（1）":" 变维。

例2.2.25

```
＞A=[1 2 3 4 5 6;6 7 8 9 0 1]
```

A =

```
    1    2    3    4    5    6
    6    7    8    9    0    1
```

```
>> B=ones(3,4)
```

B =

```
    1    1    1    1
    1    1    1    1
    1    1    1    1
```

```
>> B(:)=A(:)
```

B =

```
    1    7    4    0
    6    3    9    6
    2    8    5    1
```

（2）reshape 函数变维。

格式：B = reshape(A,m,n), 返回以矩阵 A 的元素构成的 m×n 矩阵 B。

B = reshape(A,m,n,p,…), 将矩阵 A 变维为 m×n×p×…。

B = reshape(A,[m n p…]), 同上。

B = reshape(A,siz), 由 siz 决定变维的大小, 元素个数与 A 中元素个数相同。

例2.2.26 矩阵变维。

```
>> a=[1:12];
```

```
>> b=reshape(a,2,6)
```

b =

```
    1    3    5    7    9   11
    2    4    6    8   10   12
```

4. 矩阵的变向

（1）矩阵旋转。

函数 rot90。

格式：B = rot90 (A), 将矩阵 A 逆时针方向旋转90°。

B = rot90 (A,k), 将矩阵 A 逆时针方向旋转 k×90°, k 可取正负整数。

例2.2.27

```
>> A=[1 2 3;4 5 6;7 8 9]
A =
    1    2    3
    4    5    6
    7    8    9
>> Y1=rot90(A),Y2=rot90(A,-1)
Y1 =          %逆时针方向旋转
    3    6    9
    2    5    8
    1    4    7
Y2 =          %顺时针方向旋转
    7    4    1
    8    5    2
    9    6    3
```

（2）矩阵的左右翻转。

函数 fliplr。

格式：B = fliplr(A)，将矩阵 A 左右翻转。

（3）矩阵的上下翻转。

函数 flipud。

格式：B = flipud(A)，将矩阵 A 上下翻转。

例2.2.28

```
>> A=[1 2 3;4 5 6]
A =
    1    2    3
    4    5    6
>> B1=fliplr(A),B2=flipud(A)
B1 =
    3    2    1
    6    5    4
B2 =
    4    5    6
    1    2    3
```

（4）按指定维数翻转矩阵。

函数 flipdim。

格式：B = flipdim(A,dim)，flipdim(A,1) = flipud(A)，并且 flipdim(A,2)=fliplr(A)。

例2.2.29

```
>> A=[1 2 3;4 5 6]

A =

     1      2      3
     4      5      6

>> B1=flipdim(A,1),B2=flipdim(A,2)

B1 =

     4      5      6
     1      2      3

B2 =

     3      2      1
     6      5      4
```

5. 矩阵元素的数据变换

对于由小数构成的矩阵A来说,如果我们想对它取整数,有以下几种方法:

(1)按$-\infty$方向取整。

函数floor。

格式: floor(A),将A中元素按$-\infty$方向取整,即取不足整数。

(2)按$+\infty$方向取整。

函数ceil。

格式: ceil(A),将A中元素按$+\infty$方向取整,即取过剩整数。

(3)四舍五入取整。

函数round。

格式: round (A),将A中元素按最近的整数取整,即四舍五入取整。

(4)按离0近的方向取整。

函数fix。

格式: fix (A),将A中元素按离0近的方向取整。

例2.2.30

```
>> A=-1.5+4*rand(3)

A =

     2.3005     0.4439     0.3259
    -0.5754     2.0652    -1.4260
     0.9274     1.5484     1.7856

>> B1=floor(A),B2=ceil(A),B3=round(A),B4=fix(A)

B1 =

     2      0      0
    -1     -2     -2
```

```
         0      1       1
B2 =

         3      1       1
         0      3      −1
         1      2       2
B3 =

         2      0       0
        −1      2      −1
         1      2       2
B4 =

         2      0       0
         0      2      −1
         0      1       1
```

（5）矩阵的有理数形式。

函数 rat。

格式：[n,d]=rat (A)，将 A 表示为两个整数矩阵相除，即 A=n./d。

例2.2.31 A 同上例。

```
>> [n,d]=rat(A)
n =

       444         95        131
      −225       2059       −472
       166         48       1491
d =

       193        214        402
       391        997        331
       179         31        835
```

习题2

1. 利用基本矩阵产生 3×3 和 15×8 的单位矩阵、全1矩阵、全0矩阵、均匀分布随机矩阵（[−1,1]之间）、正态分布矩阵（均值为1，方差为4）。

2. 在 MATLAB 中如何建立矩阵 $\begin{bmatrix} 5 & 7 & 3 \\ 4 & 9 & 1 \end{bmatrix}$，并将其赋予变量 a？

3. 有几种建立矩阵的方法？各有什么优点？

4. 计算矩阵 $\begin{bmatrix} 5 & 3 & 5 \\ 3 & 7 & 4 \\ 7 & 9 & 8 \end{bmatrix}$ 与 $\begin{bmatrix} 2 & 4 & 2 \\ 6 & 7 & 9 \\ 8 & 3 & 6 \end{bmatrix}$ 之和。

5. 计算 $a = \begin{bmatrix} 6 & 9 & 3 \\ 2 & 7 & 5 \end{bmatrix}$ 与 $b = \begin{bmatrix} 2 & 4 & 1 \\ 4 & 6 & 8 \end{bmatrix}$ 的数组乘积。

6. "左除"与"右除"有什么区别？

7. 对于 $AX=B$，如果 $A = \begin{bmatrix} 4 & 9 & 2 \\ 7 & 6 & 4 \\ 3 & 5 & 7 \end{bmatrix}$，$B = \begin{bmatrix} 37 \\ 26 \\ 28 \end{bmatrix}$，求解 X。

8. 已知 $a = \begin{bmatrix} 1 & 2 & 3 \\ 4 & 5 & 6 \\ 7 & 8 & 9 \end{bmatrix}$，分别计算 a 的数组平方和矩阵平方，并观察其结果。

9. 将 $(x-6)(x-3)(x-8)$ 展开为系数多项式的形式。

10. 矩阵 $a = \begin{bmatrix} 4 & 2 & -6 \\ 7 & 5 & 4 \\ 3 & 4 & 9 \end{bmatrix}$，计算 a 的行列式和逆矩阵。

第三章

MATLAB绘图

MATLAB的特点之一是强大的绘图功能,本章介绍绘制二维和三维图形的方法,在此基础上,再介绍可以操作和控制各种图形对象的操作。

3.1 二维图形的绘制

二维图形是将平面坐标上的数据点连接起来的平面图形。二维图形的绘制是其他绘图操作的基础。

3.1.1 绘制二维曲线的基本函数

在MATLAB中,最基本而且应用最为广泛的绘图函数为plot,利用它可以在二维平面上绘制出不同的曲线。

1. plot函数的基本用法

(1) plot(y)直接画出y图形,横坐标默认x=1: length(y)。

例3.1.1

x=0:pi/20:2*pi;

y1=sin(x);

plot(y1); (图3.1)

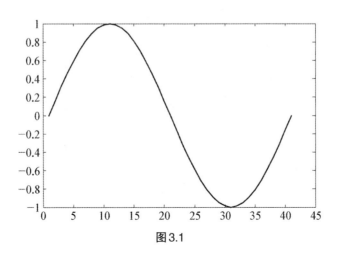

图3.1

（2）plot(x,y)以 x 元素为横坐标值，y 元素为纵坐标值绘制单条曲线。

plot(x,y1,x,y2,…)以公共的 x 元素为横坐标值，以 y1,y2,… 元素为纵坐标值绘制多条曲线；或者利用 hold 命令，在已经画好的图形上，若设置 hold on，MATLAB 将把新的由 plot 命令产生的图形画在原来的图形上，而命令 hold off 将结束这个过程。

例 3.1.2

x=0:pi/100:2*pi;

y=2*exp(−0.5*x).*sin(2*pi*x);

plot(x,y)（图3.2）

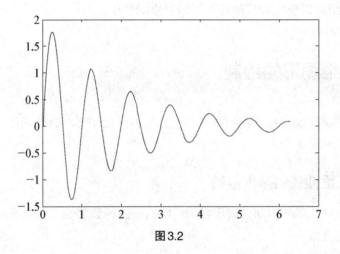

图3.2

例 3.1.3

x=0:pi/20:2*pi;

y1=sin(x);

y2=cos(x);

plot(x,y1,x,y2);（图3.3）

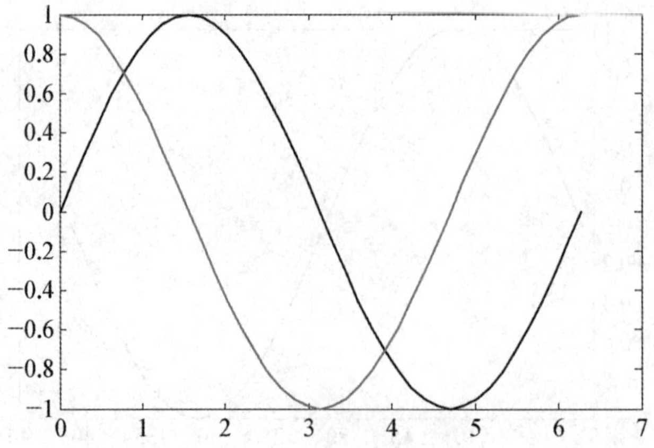

图3.3

（3）plot(x,y1,x,y2,…)，当输入参数有矩阵形式时，配对的x,y按对应的列元素为横坐标和纵坐标绘制曲线，曲线条数等于矩阵的列数。

例3.1.4

x=linspace(0,2*pi,100);

y1=sin(x);

y2=2*sin(x);

y3=3*sin(x);

x=[x;x;x]';

y=[y1;y2;y3]';

plot(x,y,x,cos(x))（图3.4）

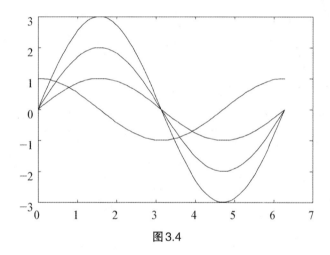

图3.4

此例中，x,y都是含有3列的矩阵，它们组成输入参数对，绘制3条曲线；x和cos(x)又组成一对，绘制一条余弦曲线。

（4）利用plot函数可以直接将矩阵的数据绘制在图形窗体中，此时plot函数将矩阵的每一列数据作为一条曲线绘制在窗体中。

例3.1.5

A=magic（5）

A =

17	24	1	8	15
23	5	7	14	16
4	6	13	20	22
10	12	19	21	3
11	18	25	2	9

plot(A)（图3.5）

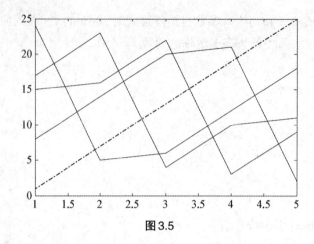

图3.5

（5）含选项的plot函数。

MATLAB 提供了一些绘图选项，用于确定所绘曲线的线型、颜色和数据点标记符号。这些选项如表3.1所示：

表3.1

线　　型	颜　　色	标　记　符　号	
- 实线	b 蓝色	. 点	s 方块
: 虚线	g 绿色	o 圆圈	d 菱形
-. 点划线	r 红色	× 叉号	∨ 朝下三角符号
-- 双划线	c 青色	+ 加号	∧ 朝上三角符号
	m 品红	* 星号	< 朝左三角符号
	y 黄色		> 朝右三角符号
	k 黑色		p 五角星
	w 白色		h 六角星

例3.1.6 用不同的线型和颜色在同一坐标系内绘制曲线及其包络线。

x=(0:pi/100:2*pi)';

y1=2*exp(−0.5*x)*[1,−1];

y2=2*exp(−0.5*x).*sin(2*pi*x);

x1=(0:12)/2;

y3=2*exp(−0.5*x1).*sin(2*pi*x1);

plot(x,y1,'k:',x,y2,'b−−',x1,y3,'rp');（图3.6）

在该plot函数中包含了3组绘图参数，第一组用黑色虚线画出两条包络线，第二组用蓝色双划线画出曲线y，第三组用红色五角星离散标出数据点。

2. 双纵坐标函数plotyy

在MATLAB中，如果需要绘制出具有不同纵坐标标度的两个图形，可以使用plotyy

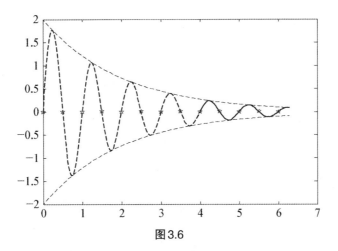

图3.6

函数,它能把具有不同量纲、不同数量级的两个函数绘制在同一个坐标系中,有利于图形数据的对比分析。调用格式为:

plotyy(x1,y1,x2,y2)

x1,y1对应一条曲线,x2,y2对应另一条曲线。横坐标的标度相同,纵坐标有两个,左边的对应x1,y1数据对,右边的对应x2,y2。

例3.1.7

x = 0:0.01:20;

y1 = 200*exp(−0.05*x).*sin(x);

y2 = 0.8*exp(−0.5*x).*sin(10*x);

plotyy(x,y1,x,y2)（图3.7）

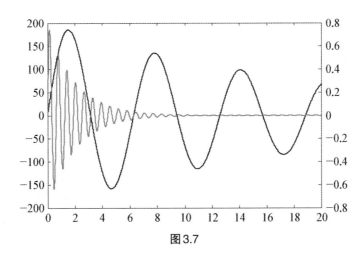

图3.7

3.1.2 绘制图形的辅助操作

绘制完图形以后,可能还需要对图形进行一些辅助操作,以使图形意义更加明确,可读性更强。

1. 图形标注

在绘制图形时,可以对图形加上一些说明,如图形的名称、坐标轴说明以及图形某一部分的含义等,这些操作称为添加图形标注。有关图形标注函数的调用格式为:

title('图形名称')

xlabel('x轴说明')

ylabel('y轴说明')

text(x,y,'图形说明')

legend('图例1','图例2',…)

其中,title,xlabel和ylabel函数分别用于说明图形和坐标轴的名称。text函数是在坐标点(x, y)处添加图形说明。legend函数用于绘制曲线所用线型、颜色或数据点标记图例,图例放置在空白处,用户还可以通过鼠标移动图例,将其放到所希望的位置。除legend函数外,其他函数同样适用于三维图形,在三维图形中,z坐标轴说明用zlabel函数。

2. 坐标控制

在绘制图形时,MATLAB可以自动根据要绘制曲线数据的范围选择合适的坐标刻度,使得曲线能够尽可能清晰地显示出来。所以,一般情况下用户不必选择坐标轴的刻度范围。但是,如果用户对坐标不满意,可以利用axis函数对其重新设定。其调用格式为:

axis（[xmin xmax ymin ymax zmin zmax]）

如果只给出前4个参数,则按照给出的x,y轴的最小值和最大值选择坐标系范围,绘制出合适的二维曲线。如果给出了全部参数,则绘制出三维图形。

axis函数的功能丰富,其常用的用法有:

axis equal:纵横坐标轴采用等长刻度。

axis square:产生正方形坐标系(默认为矩形)。

axis auto:使用默认设置。

axis off:取消坐标轴。

axis on:显示坐标轴。

还有,给坐标加网格线可以用grid命令来控制,grid on/off命令控制画还是不画网格线,不带参数的grid命令在两种之间进行切换。

给坐标加边框用box命令控制,和grid一样用法。

3. 图形保持

一般情况下,每执行一次绘图命令,就刷新一次当前图形窗口,图形窗口原有图形将不复存在,如果希望在已经存在的图形上再继续添加新的图形,可以使用图形保持命令hold。hold on/off命令是保持原有图形还是刷新原有图形,不带参数的hold命令在两者之间进行切换。

例3.1.8 在$[-3,3]$范围作出函数$y = x^2$, $y = 10e^{-x}\sin(8x)$, $y = 3x$的图形,并添加图形标注(图3.8)。

```
x=0:0.001:2*pi;          % 生成一个从0到2步长为0.001的行向量
y=10.*exp(-x).*sin(8*x);  % 函数y的表达式
```

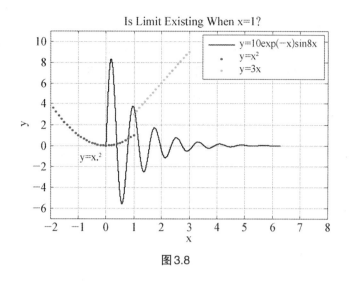

图3.8

```
plot(x,y,'b-')                          %生成x与y的二维图形,线型为实线,颜色为蓝色
hold on;                                %保持图形
x=-3:0.1:1;                             %生成一个从-3到1步长为0.1的行向量
y=x.^2;                                 %函数y的表达式
plot(x,y,'r.')                          %生成x与y的二维图形,线型为虚线,颜色为红色
hold on;                                %保持图形
x=1:0.1:3;                              %生成一个从1到3步长为0.1的行向量
y=3*x;                                  %函数y的表达式
plot(x,y,'g.')                          %生成x与y的二维图形,线型为虚线,颜色为绿色
hold on;                                %保持图形
legend('y=10exp(-x)sin8x','y=x^2','y=3x')    %加图例
xlabel('x');                            %x轴坐标说明
ylabel('y');                            %y轴坐标说明
title('Is Limit Existing When x=1?')    %图像添加标题
text(-1,-1.^2,'y=x.^2')
axis([-2,8,-7,11])                      %坐标轴控制
grid on;                                %显示格线
```

4. 图形窗口分割

在实际应用中,经常需要在一个图形窗口中绘制若干个独立的图形,这就需要对图形窗口进行分割。分割后的图形窗口由若干个绘图区组成,每一个绘图区可以建立独立的坐标系并绘制图形。同一图形窗口下的不同图形称为子图。MATLAB 提供了 subplot 函数用来将当前窗口分割成若干个绘图区,每个区域代表一个独立的子图,也是一个独立的坐标系,可以通过 subplot 函数激活某一区,该区为活动区,所发出的绘图命令都作用于该活动区域。调用格式为:

subplot(m,n,p)

该函数把当前窗口分成m×n个绘图区,m行,每行n个绘图区,区号按行优先编号。其中第p个区为当前活动区。每一个绘图区允许以不同的坐标系单独绘制图形。

例3.1.9 （图3.9）

x=−pi:pi/10:pi;

subplot(2,2,1);

plot(x,sin(x)); title('y=sin(x)');

subplot(2,2,2);

plot(x,cos(x)); title('y=cos(x)');

subplot(2,2,3);

plot(x,x.^2);   title('y=x.^2');

subplot(2,2,4);

plot(x,exp(x)); title('y=exp(x)');

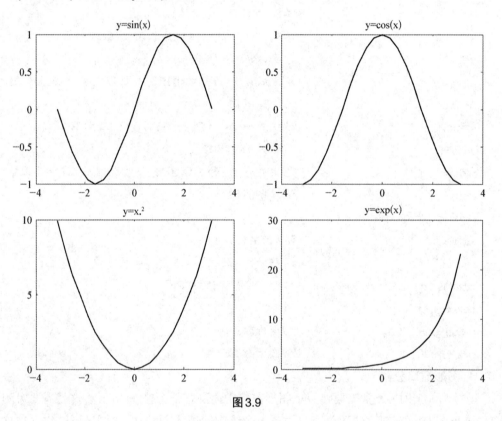

图3.9

3.1.3 函数绘图

1. ezplot——符号函数(显函数、隐函数和参数方程)绘图

ezplot的调用格式:

（1）ezplot('f(x)'),在默认范围 $[-2\pi, 2\pi]$ 内绘制 f(x) 的图形。

（2）ezplot('f(x)', [a, b])，在 a<x<b 内绘制显函数 y=f(x) 的图形。

（3）ezplot('f(x, y)', [xmin, xmax, ymin, ymax])，在区间 xmin<x<xmax 和 ymin<y<ymax 内绘制隐函数 f(x, y) = 0 的图形。

（4）ezplot('x(t)', 'y(t)', [tmin, tmax])，在区间 tmin<t<tmax 内绘制参数方程 x = x(t)，y = y(t) 的图形。

其中 f(x) 可以是函数表达式（函数可以是系统的或自定义的），也可以是符号表达式。若是符号表达式，则不带单引号。

例3.1.10 参数方程作图。

在 $[0, 2\pi]$ 上画星形图：$x = \cos3t$，$y = \sin3t$。

ezplot('cos(t)^3', 'sin(t)^3', [0, 2*pi]);（图 3.10）

例3.1.11 隐函数作图。

在 $[-3, 0]$，$[0, 4]$ 上画方程 $e^x + \sin(xy)$ 的图形。

h=ezplot('exp(x)+sin(x*y)', [-3, 0, 0, 4]);

set(h,'color','r' ,'linestyle','-.'); ％利用图形句柄为曲线指定颜色和线型

（图 3.11）

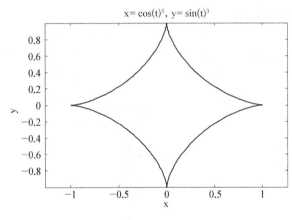

图3.10

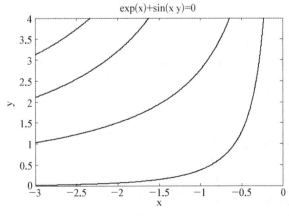

图3.11

2. fplot——绘制函数图

fplot的调用格式:

(1) fplot('fun', [xmin xmax]),绘制函数 fun 在 x 区间 [xmin, xmax] 的函数图。

(2) fplot('fun', [xmin xmax], 'corline'),以指定线型绘图。

(3) [x, y] = fplot('fun', [xmin xmax]),只返回绘图点的值,而不绘图。

> **注意:**
> (1) fun 必须是 M 文件的函数名或是独立变量为 x 的字符串。
> (2) fplot 函数不能画参数方程和隐函数图形,但在一个图上可以画多个图形。
> (2) 绘图区间必须是指定的。

例 3.1.12　利用命令 fplot 绘制曲线 $y=\cos(1/x)$ 在区间 [−1, 1] 的图像。

```
close all;  % 清除缓存
x=−1:0.1:1;  % 定义域取值范围和步长
y=cos(1./x);  % 选择函数
figure
fplot('cos(1./x)',[−1,1]);（图3.12）
```

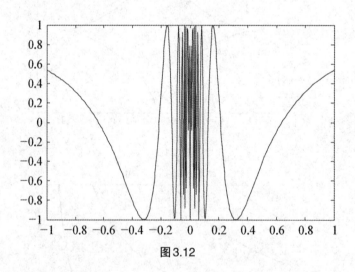

图3.12

3.1.4　特殊二维函数绘图

1. 极坐标图形

调用格式为: polar(t, r, '选项'),其中,t 为极角,r 为极径,选项的使用和 plot( ) 类似。

例 3.1.13　绘制心形线 $r = a(1+\cos t)$。（图3.13）

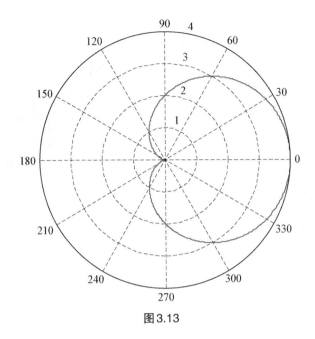

图3.13

```
t = 0:0.01:2*pi;
a = 2;
r2 = a.*(1+cos(t));
polar(t, r2, 'r');
```

2. 其他形式的坐标图

在直角坐标系中,其他形式的图形有条形图、阶梯图、杆图和填充图等,所采用的函数分别为:

bar(x, y, '选项')——条形图。

stairs(x, y,'选项')——阶梯图。

stem(x, y,'选项')——杆图。

用法与polar()函数类似。

例3.1.14 条形图、填充图、阶梯图和杆图示例。(图3.14)

```
x=0:0.35:7;
y=2*exp(-0.5*x);

subplot(2,2,1);
bar(x,y,'g');
title('bar(x,y,"g")');
axis([0, 7, 0 ,2]);
subplot(2,2,2);
fill(x,y,'r');
title('fill(x,y,"r")');
```

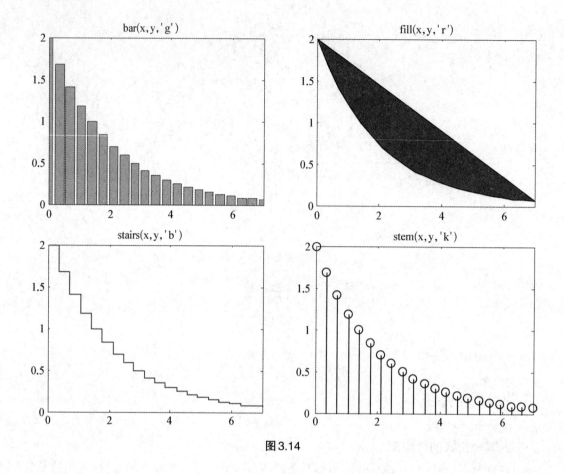

图3.14

```
axis([0, 7, 0 ,2]);

subplot(2,2,3);
stairs(x,y,'b');
title('stairs(x,y,"b")');
axis([0, 7, 0 ,2]);

subplot(2,2,4);
stem(x,y,'k');
title('stem(x,y,"k")');
axis([0, 7, 0 ,2]);
```

3. 其他形式的二维图形：饼形图、向量图

例3.1.15 （1）某次考试优良、良好、中等、及格、不及格的人数为7, 17, 23, 19, 5, 试用饼形图进行成绩统计分析。

（2）绘制复数的向量图：3+2i, 5.5−i, −1.5+5i。（图3.15）

```
subplot(1,2,1);
```

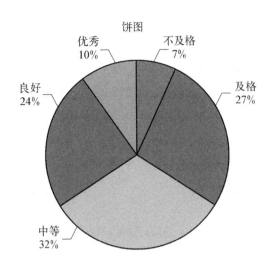

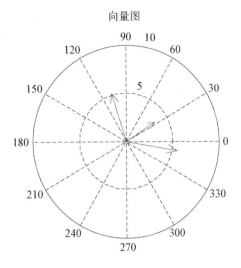

图3.15

```
pie([7,17,23,19,5]);
title('饼图');
legend('优秀','良好','中等','及格','不及格');

subplot(1,2,2);
compass([3+2i,5.5−i,−1.5+5i]);
title('向量图');
```

3.2 三维图形的绘制

3.2.1 三维曲线的绘制

plot3 是基本的三维图形指令。调用格式为:

plot3(x, y, z),其中 x, y, z 是长度相同的向量;

plot3(X, Y, Z),其中 X, Y, Z 是维数相同的矩阵,其对应的每一列表示一条曲线,有几列就画几条曲线;

plot3(x, y, z, '选项'),其中 '选项' 是如前所述的线型、线色等;

plot3(x1, y1, z1, '选项1', x2, y2, z2, '选项2', ⋯)。

> **注意:**二维图形的所有基本特性对三维图形全都适用。

例3.2.1 绘制三维曲线:

$$\begin{cases} x = (10\pi - t)\sin t, \\ y = (10\pi - t)\cos y, \quad t \in (0, 15\pi)。 \\ z = t, \end{cases}$$

```
t=0:0.01:15*pi;
x=(10*pi-t).*sin(t);
y=(10*pi-t).*cos(t);
z=t;
plot3(x,y,z,'-b','LineWidth',3);    % 作图,设定线型
grid on; (图3.16)
```

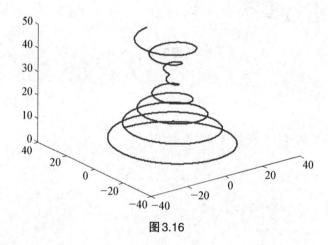

图3.16

3.2.2　三维曲面的绘制

1. 平面网格坐标矩阵的生成

当绘制 $z=f(x, y)$ 所代表的三维曲面图时,先要在 xy 平面选定一个矩形区域,假定矩形区域为 $D=[a, b]\times[c, d]$,然后将 $[a, b]$ 在 x 方向分成 m 份,将 $[c, d]$ 在 y 方向分成 n 份,由各划分点作平行轴的直线,把区域 D 分成 $m\times n$ 个小矩形。生成代表每一个小矩形顶点坐标的平面网格坐标矩阵,最后利用有关函数绘图。

产生平面区域内的网格坐标矩阵有两种方法。

(1)利用矩阵运算生成。

例3.2.2

```
x=1:1:5;
y=(2:1:6)';
X=ones(size(y))*x
Y=y*ones(size(x))
X =
```

1	2	3	4	5
1	2	3	4	5
1	2	3	4	5
1	2	3	4	5
1	2	3	4	5

Y =

2	2	2	2	2
3	3	3	3	3
4	4	4	4	4
5	5	5	5	5
6	6	6	6	6

经过上述语句执行后,矩阵X的每一行都是向量x,行数等于向量y的元素个数;矩阵Y的每一列都是向量y,列数等于向量x的元素个数。

(2)利用meshgrid函数生成。

x=1:1:5;

y=2:1:6;

[X,Y]=meshgrid(x,y)

X =

1	2	3	4	5
1	2	3	4	5
1	2	3	4	5
1	2	3	4	5
1	2	3	4	5

Y =

2	2	2	2	2
3	3	3	3	3
4	4	4	4	4
5	5	5	5	5
6	6	6	6	6

语句执行后,所得到的网格坐标矩阵和上法相同,当x=y时,可以写成meshgrid(x)。

2. 绘制三维曲面的函数

MATLAB提供了mesh函数和surf函数来绘制三维曲面图。mesh函数用来绘制

三维网格图,而surf用来绘制三维曲面图,各线条之间的补面用颜色填充。其调用格式为:

mesh(x, y, z, c)

surf(x, y, z, c)

一般情况下,x,y,z是维数相同的矩阵,x,y是网格坐标矩阵,z是网格点上的高度矩阵,c用于指定在不同高度下的颜色范围。c省略时,MATLAB认为c=z,也即颜色的设定是正比于图形的高度的。这样就可以得到层次分明的三维图形。当x,y省略时,把z矩阵的列下标当作x轴的坐标,把z矩阵的行下标当作y轴的坐标,然后绘制三维图形。当x,y是向量时,要求x的长度必须等于z矩阵的列,y的长度必须等于z矩阵的行,x,y向量元素的组合构成网格点的x,y坐标,z坐标则取自z矩阵,然后绘制三维曲线。

例3.2.3 绘制三维曲面图 $z = \sin(x+\sin(y))-x/10$。

程序如下:

```
[x,y]=meshgrid(0:0.25:4*pi);   %在[0,4pi]×[0,4pi]区域生成网格坐标
z=sin(x+sin(y))-x/10;
mesh(x,y,z);
axis([0 4*pi 0 4*pi −2.5 1]);(图3.17)
```

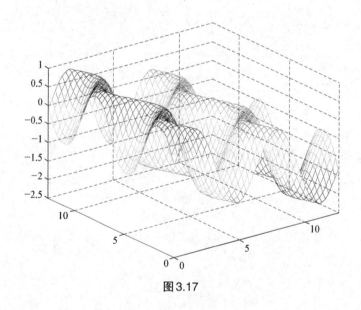

图3.17

例3.2.4 用三维曲面图表现函数: $z = \sin(y)\cos(x)$。

为了便于分析三维曲面的各种特征,下面画出3种不同形式的曲面。(图3.18)

```
%program 1
x=0:0.1:2*pi;
[x,y]=meshgrid(x);
```

```
z=sin(y).*cos(x);
mesh(x,y,z);
xlabel('x-axis'),ylabel('y-axis'),zlabel('z-axis');
title('mesh'); pause;
%program 2
x=0:0.1:2*pi;
[x,y]=meshgrid(x);
z=sin(y).*cos(x);
surf(x,y,z);
xlabel('x-axis'),ylabel('y-axis'),zlabel('z-axis');
title('surf'); pause;
%program 3
x=0:0.1:2*pi;
[x,y]=meshgrid(x);
z=sin(y).*cos(x);
plot3(x,y,z);
xlabel('x-axis'),ylabel('y-axis'),zlabel('z-axis');
title('plot3-1');grid;
```

程序执行结果分别如图18（1）～图18（3）所示。从图中可以发现，图18（1）网格图（mesh）中线条有颜色，线条间补面无颜色。图18（2）曲面图（surf）的线条都是黑色的，线条间补面有颜色。进一步观察，曲面图的补面颜色和网格图的线条颜色都是沿z轴变化的。用plot3绘制的三维曲面实际上由三维曲线组合而成（图18（3））。

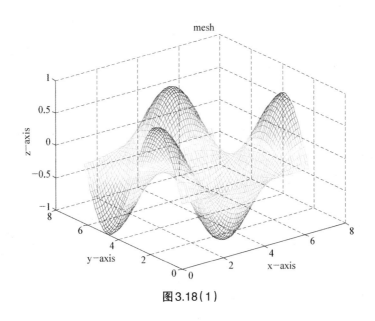

图3.18（1）

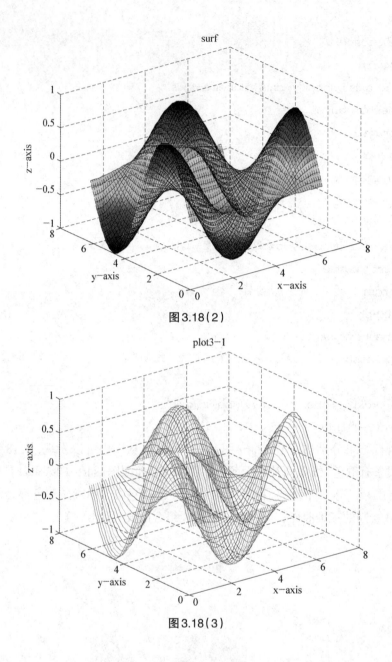

图3.18（2）

图3.18（3）

此外，还有两个和mesh函数相似的函数，即带等高线的三维网格曲面函数meshc和带底座的三维网格曲面函数meshz。其用法与mesh类似，不同的是meshc还在xy平面上绘制曲面在z轴方向的等高线，meshz还在xy平面上绘制曲面的底座。

例3.2.5 在xy平面内选择区域$[-8,8] \times [-8,8]$，绘制函数 $z = \dfrac{\sin\sqrt{x^2 + y^2}}{\sqrt{x^2 + y^2}}$ 的4种三维曲面图。

程序如下：

```
[x,y]=meshgrid(-8:0.5:8);
```

```
z=sin(sqrt(x.^2+y.^2))./sqrt(x.^2+y.^2+eps);
subplot(2,2,1);
mesh(x,y,z);
title('mesh(x,y,z)')
subplot(2,2,2);
meshc(x,y,z);          %调用方式与 mesh 相同,在 mesh 基础上增加等高线
title('meshc(x,y,z)')
subplot(2,2,3);
meshz(x,y,z)           %调用方式与 mesh 相同,在 mesh 基础上屏蔽边界面
title('meshz(x,y,z)')
subplot(2,2,4);
surf(x,y,z);
title('surf(x,y,z)')
```

（图3.19）

3. 标准三维曲面

MATLAB提供了一些函数用于绘制标准三维曲面,这些函数可以产生相应的绘图数

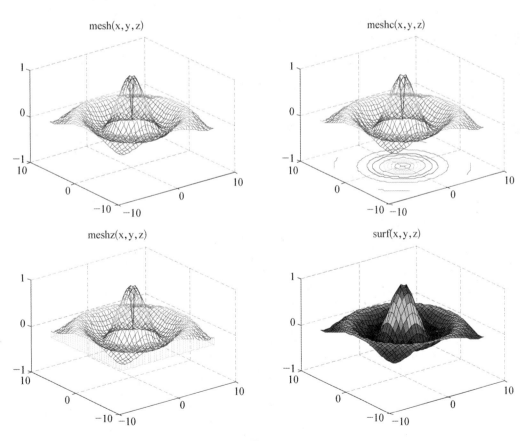

图3.19

据,常用于三维图形的演示,例如,sphere 函数和 cylinder 函数分别用于绘制三维球面和柱面。sphere 函数的调用格式为:

[x,y,z]=sphere(n);

该函数将产生(n+1)×(n+1)矩阵 x,y,z。采用这 3 个矩阵可以绘制出圆心位于原点、半径为 1 的单位球体。若在调用该函数时不带输出参数,则直接绘制所需球面。n 决定了球面的圆滑程度,其默认值为 20。若 n 值取得比较小,则绘制出多面体的表面图。

例3.2.6 画半径为 3 的球面。(图3.20)

程序:

[x y z]=sphere(60);

mesh(3*x,3*y,3*z);

cylinder 函数的调用格式为:

(1)[x,y,z]=cylinder,函数返回一半径和高度都为 1 的圆柱体 x,y,z 轴的坐标值,圆柱体沿其周长有 20 个等距分布的点。

(2)[x,y,z]=cylinder(r),函数返回一个半径为 r、高度为 1 的圆柱体的 x,y,z 轴的坐标值,圆柱体沿其周长有 20 个等距分布的点。

(3)[x,y,z]=cylinder(r,n),函数返回一个半径为 r、高度为 1 的圆柱体的 x,y,z 轴的坐标值,圆柱体沿其周长有 *n* 个等距分布的点。

(4)cylinder(…)函数只绘制圆柱,没有任何的输出参量。其他参量及结果同上。

以上 r 是一个向量,存放柱面各个等间隔高度上的半径,n 表示在圆柱圆周上有 n 个间隔点,默认有 20 个间隔点。例如:cylinder(3)生成一个圆柱,cylinder([10, 1])生成一个圆锥,而 t=0:pi/100:4*pi; R=sin(t); cylinder(R,30);生成一个正弦圆柱面。

另外 MATLAB 还提供了一个 peaks 函数,称为多峰函数,常用于三维曲面的演示。该

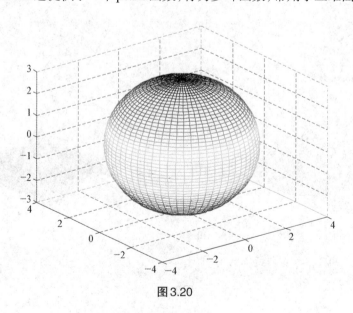

图3.20

函数可以用来生成绘图数据矩阵,矩阵元素由函数在矩形区域[−3,3]×[−3,3]的等分网格点上的函数值确定。z=peaks(30),将生成一个30×30矩阵。

例3.2.7 绘制标准三维曲面图形。(图3.21)

t=0:pi/20:2*pi;

[x,y,z]=peaks(30);

meshz(x,y,z);

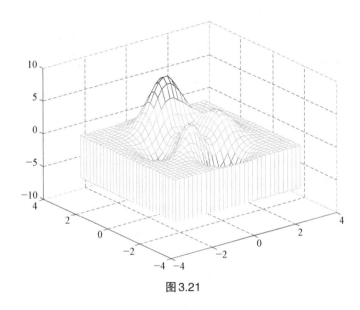

图3.21

习题3

1. 在 $[0,4\pi]$ 画 $\sin x,\cos x$（在同一个坐标系中），其中 $\cos x$ 图像用红色小圆圈画,并在函数图上标注"$y=\sin x$","$y=\cos x$",x 轴,y 轴,标题为"正弦余弦函数图像"。

2. 有一组测量数据满足 $y=\mathrm{e}^{-at}$,t 的变化范围为 $0\sim10$,用不同的线型和标记点画出 $a=0.1$,$a=0.2$ 和 $a=0.5$ 这3种情况下的曲线,在图中添加标题"$y=\mathrm{e}^{-at}$",并用箭头线标识出各曲线 a 的取值。

3. $z=x\mathrm{e}^{-x^2-y^2}$,当 x 和 y 的取值范围均为−2到2时,用建立子窗口的方法在同一个图形窗口中绘制出三维线图、网线图、表面图和带渲染效果的表面图。

4. 用 sphere 函数产生球表面坐标,绘制不透明网线图、透明网线图、表面图和带剪孔的表面图。

5. 画出椭圆 $\dfrac{x^2}{16}+\dfrac{y^2}{9}=1$。

6. 用 subplot 分别在不同的坐标系下作出下列图形,并为每幅图形加上标题。

第一幅:标题"概率曲线",$y = e^{-x^2}$;

第二幅:标题"双扭线",$r^2 = 4\cos 2t$;

第三幅:标题"叶形线", $\begin{cases} x = \dfrac{3t}{1 + t^3}, \\ y = \dfrac{3t^2}{1 + t^3}; \end{cases}$

第四幅:标题"曳物线",$x = \ln \dfrac{1 \pm \sqrt{1 - y^2}}{y} \mp \sqrt{1 - y^2}$。

第四章

MATLAB 符号运算

带有符号变量、表达式的运算称为抽象计算,即符号计算,MATLAB借助Maple的特长,建立了强大的符号运算功能。

4.1 符号表达式的建立

4.1.1 符号常量的建立

符号常量是不含变量的符号表达式。在MATLAB中我们使用sym指令来建立符号常量。一般调用形式为:

    sym('常量')   ％创建符号常量

例4.1.1 创建符号常量。

a=sym('sin（2）')

a =

sin（2）

sym命令也可以把数值转换成某种格式的符号常量。

语法:

    sym（常量,参数）   ％把常量按某种格式转换为符号常量

说明:参数可以选择为'd','f','e'或'r'这4种格式,也可省略,其作用如表4.1:

表4.1　参数设置

参数	作　　　　　用
d	返回最接近的十进制数值(默认位数为32位)
f	返回该符号值最接近的浮点表示
r	返回该符号值最接近的有理数型(为系统默认方式),可表示为p/q, p*q, 10^q, pi/q, 2^q和 sqrt(p)形式之一
e	返回最接近的带有机器浮点误差的有理值

例4.1.2 把常量转换为符号常量,按返回最接近的十进制数值。

a=sym(sin（2），'d'）

a =

0.90929742682568170941692642 3728

例4.1.3 把常量转换为符号常量,按系统默认格式转换。

a=sym(sin（2））

a =

8190223105242182*2^(-53)

例4.1.4 创建数值常量和符号常量。

a1=2*sqrt(5)+pi   %创建数值常量

a1 =

                                7.6137

   a2=sym('2*sqrt(5)+pi')   %创建符号表达式

a2 =
2*sqrt(5)+pi

   a3=sym(2*sqrt(5)+pi)   %按最接近的有理数型表示符号常量

a3 =
8572296331135796*2^(-50)

   a4=sym(2*sqrt(5)+pi,'f')   %按符号值最接近的浮点表示

a4 =

2143074082783949/281474976710656

   a31=a3-a1   %数值常量和符号常量的计算

a31 =
0

   a5='2*sqrt(5)+pi'   %字符串常量

a5 =
2*sqrt(5)+pi

4.1.2　符号变量的建立

1. 符号变量

符号变量就是含有变量的符号表达式。在MATLAB中sym也可以用于定义符号变量,但是函数sym一次只能定义一个符号变量,使用不方便。MATLAB提供了另一个函数syms,一次可以定义多个符号变量。syms函数的一般调用格式为:

syms　符号变量名1　符号变量名2　…　符号变量名n

> **说明:** 用这种格式定义符号变量时不要在变量名上加字符串分界符('),变量间用空格而不要用逗号分隔。

syms('符号变量名1', '符号变量名2', …, 参数)

2. 建立符号表达式

符号表达式就是代表数字、函数和变量的MATLAB字符串或字符串数组,它不要求变量有预先定义的值。符号表达式包含符号函数和符号方程,其中符号函数没有等号,而符号方程必须带有等号。在MATLAB中建立符号表达式主要有以下3种方式:

(1) 用单引号建立符号表达式。

例4.1.5

```
>> f='exp(x)'
f =
exp(x)
```

> **注意:** ' '中的内容也可以是符号方程。

```
e='a*x^2+bx+c=0'
e =
a*x^2+bx+c=0
```

(2) 用sym建立符号表达式。

```
f1=sym('a*x^2+b*x+c')

f1 =
a*x^2+b*x+c
```

(3) 使用已经定义的符号变量来组成符号表达式。

```
syms a b c x              %创建多个符号变量
f2=a*x^2+b*x+c            %创建符号表达式
```

```
f2 =
a*x^2+b*x+c
syms('a','b','c','x')                    % 把字符变量定义为符号变量
f3=a*x^2+b*x+c;                          % 创建符号表达式
```

4.2 符号表达式的运算

符号运算不同于数值运算,数值运算有以下特点:(1)以数值数组作为运算对象,给出数值解;(2)计算过程中产生误差累积问题,影响计算结果的精确性;(3)计算速度快,占用资源少。而符号运算的特点是:(1)以符号对象和符号表达式作为运算对象,给出解析解;(2)运算不受计算误差累积问题的影响;(3)计算指令简单;(4)占用资源多,计算耗时长。

符号运算与数值运算的区别主要有以下3点:

(1)传统的数值型运算因为要受到计算机所保留的有效位数的限制,它的内部表示法总是采用计算机硬件提供的8位浮点表示法,因此每一次运算都会有一定的截断误差,重复的多次数值运算就可能会造成很大的累积误差。符号运算不需要进行数值运算,不会出现截断误差,因此符号运算是非常准确的。

(2)符号运算可以得出完全的封闭解或任意精度的数值解。

(3)符号运算的时间较长,而数值型运算速度快。

4.2.1 符号表达式的代数运算

1. 符号运算中的运算符

运算符"+""−""*""\""/""^"分别实现符号矩阵的加、减、乘、左除、右除、求幂运算。

运算符".*""./"".\"".^"分别实现符号数组的乘、除、求幂,即数组间元素与元素的运算。

运算符"'"".'"分别实现符号矩阵的共轭转置、非共轭转置。

2. 代数运算用法

(1)A+B,A−B,符号阵列的加法与减法。

若A与B为同型阵列,A+B,A−B分别对对应分量进行加减;若A与B中至少有一个为标量,则把标量扩大为与另外一个同型的阵列,再按对应的分量进行加减。

(2)A*B,符号矩阵乘法。

A*B为线性代数中定义的矩阵乘法。按乘法定义要求必须有矩阵A的列数等于矩阵B的行数。即:若$A_{n*k}*B_{k*m}=(a_{ij})_{n*k}.*(b_{ij})_{k*m}=C_{n*m}=(c_{ij})_{n*m}$,则$i=1, 2, \cdots, n$,$j=1, 2, \cdots, m$。或者至少有一个为标量时,方可进行乘法操作,否则将返回出错信息。

（3）A.*B,符号数组的乘法。

A.*B为按参量A与B对应的分量进行相乘。A与B必须为同型阵列,或至少有一个为标量。即：$A_{n*m}.*B_{n*m}=(a_{ij})_{n*m}.*(b_{ij})_{n*m}=C_{n*m}=(c_{ij})_{n*m}$,则$c_{ij}=a_{ij}*b_{ij}$, i=1, 2, …, n, j=1, 2, …, m。

（4）A\B,矩阵的左除法。

X=A\B为符号线性方程组A*X=B的解,A\B近似地等于inv(A)*B。若X不存在或者不唯一,则产生警告信息。矩阵A可以是矩形矩阵（即非正方形矩阵）,但此时要求方程组必须是相容的。

（5）A.\B,数组的左除法。

A.\B为按对应的分量进行相除。若A与B为同型阵列时,$A_{n*m}.\B_{n*m}=(a_{ij})_{n*m}.\(b_{ij})_{n*m}=C_{n*m}=(c_{ij})_{n*m}$,则$c_{ij}=a_{ij}\b_{ij}$, i=1, 2, …, n; j=1, 2, …, m。若A与B中至少有一个为标量,则把标量扩大为与另外一个同型的阵列,再按对应的分量进行操作。

（6）A/B,矩阵的右除法。

X=B/A为符号线性方程组X*A=B的解,B/A粗略地等于B*inv(A)。若X不存在或者不唯一,则产生警告信息。矩阵A可以是矩形矩阵（即非正方形矩阵）,但此时要求方程组必须是相容的。

（7）A./B,数组的右除法。

A./B为按对应的分量进行相除。若A与B为同型阵列,$A_{n*m}./B_{n*m}=(a_{ij})_{n*m}./(b_{ij})_{n*m}=C_{n*m}=(c_{ij})_{n*m}$,则$c_{ij}=a_{ij}/b_{ij}$, i=1, 2, …, n, j=1, 2, …, m。若A与B中至少有一个为标量,则把标量扩大为与另外一个同型的阵列,再按对应的分量进行操作。

（8）A^B,矩阵的方幂。

计算矩阵A的整数B次方幂。若A为标量而B为方阵,A^B用方阵B的特征值与特征向量计算数值。若A与B同时为矩阵,则返回一错误信息。

（9）A.^B,数组的方幂。

A.^B为按A与B对应的分量进行方幂计算。若A与B为同型阵列时,$A_{n*m}.^B_{n*m}=(a_{ij})_{n*m}.^(b_{ij})_{n*m}=C_{n*m}=(c_{ij})_{n*m}$,则$c_{ij}=a_{ij}^{b_{ij}}$, i=1, 2, …, n, j=1, 2, …, m。若A与B中至少有一个为标量,则把标量扩大为与另外一个同型的阵列,再按对应的分量进行操作。

（10）A',矩阵的共轭转置。

（11）A.',数组转置。

A.' 为真正的矩阵转置,其没有进行共轭转置。

例4.2.1

```
syms a b c d e f g h;
A = [a b; c d];
B = [e f; g h];
C=3;
C1=A+B
C2=C+A
```

C3=A*B

C4=A\B

C5=A.\B

C6 = A.*B

C7 = A.^B

C8 = A*B/A

C9 = A.*A−A^2

syms a11 a12 a21 a22 b1 b2;

A = [a11 a12; a21 a22];

B = [b1 b2];

A'

A.'

X = B/A   % 求解符号线性方程组 X*A=B 的解

x1 = X(1)

x2 = X(2)

计算结果为：

C1 =

[a + e, b + f]
[c + g, d + h]

C2 =

[a + 3, b + 3]
[c + 3, d + 3]

C3 =

[a*e + b*g, a*f + b*h]
[c*e + d*g, c*f + d*h]

C4 =

[−(b*g − d*e)/(a*d − b*c), −(b*h − d*f)/(a*d − b*c)]
[(a*g − c*e)/(a*d − b*c),   (a*h − c*f)/(a*d − b*c)]

C5 =

[e/a, f/b]
[g/c, h/d]

C6 =

[a*e, b*f]
[c*g, d*h]

C7 =

[a^e, b^f]
[c^g, d^h]

C8 =

[−(a*c*f − a*d*e + b*c*h − b*d*g)/(a*d − b*c), (a^2*f − b^2*g − a*b*e + a*b*h)/(a*d − b*c)]
[−(c^2*f − d^2*g − c*d*e + c*d*h)/(a*d − b*c), (a*c*f − b*c*e + a*d*h − b*d*g)/(a*d − b*c)]

C9 =

[−b*c, b^2 − b*d − a*b]
[c^2 − c*d − a*c,   − b*c]

ans =

[conj(a11), conj(a21)]
[conj(a12), conj(a22)]

ans =

[a11, a21]
[a12, a22]

X =

$$[(a22*b1 - a21*b2)/(a11*a22 - a12*a21), -(a12*b1 - a11*b2)/(a11*a22 - a12*a21)]$$

x1 =

$$(a22*b1 - a21*b2)/(a11*a22 - a12*a21)$$

x2 =

$$-(a12*b1 - a11*b2)/(a11*a22 - a12*a21)$$

4.2.2 符号表达式的函数运算

1. 三角函数和双曲函数

三角函数包括 sin, cos, tan；双曲函数包括 sinh, cosh, tanh；反三角函数除了 atan2 函数仅能用于数值计算外，其余的 asin, acos, atan 函数在符号运算中与数值计算的使用方法相同。

2. 指数和对数函数

指数函数 sqrt, exp, expm 的使用方法与数值计算的完全相同；对数函数在符号计算中只有自然对数 log(表示 ln)，而没有数值计算中的 log2 和 log10。

3. 复数函数

复数的共轭 conj、求实部 real、求虚部 imag 和求模 abs 函数与数值计算中的使用方法相同。

4. 替换函数

subs 函数是一种通用的置换指令，它的功能是在符号表达式和矩阵中进行符号替换/置换操作。此外它还提供了一种在符号计算和数值计算之间转换的途径。下面介绍一下它的调用语法规则：

R=subs(S)，将表达式 S 中的所有变量用调用的函数或 MATLAB workspace 中获得的值进行置换，将置换后的表达式赋给 R。

R=subs(S,new)，用 new 置换表达式 S 中的自变量后再赋给 R。

R=subs(S,old,new)，用 new 置换表达式中的 old，然后将置换完的表达式赋给 R。

例 4.2.2

```
syms x y
f=sym('x^3+x*y+y^2')
x=2;
subs(f)
y=2;
subs(f)
subs(f,'z^2')
subs(f,{'x','y'},{a,b})
```

運算結果：

f =

x^3 + x*y + y^2

ans =

y^2 + 2*y + 8

ans =

16

ans =

y^2 + y*z^2 + z^6

ans =

a^3 + a*b + b^2

4.2.3 符号表达式的常用基本运算

1. 函数 collect：合并同类项

格式：R = collect(S)，对于多项式 S 中的每一函数，collect(S) 按缺省变量 x 的次数合并系数。

R = collect(S,v)，对指定的变量 v 计算，操作同上。

例 4.2.3

```
syms x y
collect(x^2*y+y*x−x^2−2*x )          %此处默认x为符号变量
collect(x^2*y+y*x−x^2−2*x,y)         %此处修改为以 y 为符号变量
f=−1/4*x*exp(−2*x)+3/16*exp(−2*x);
collect(f)
```

计算结果为：

ans =

(y − 1)*x^2 + (y − 2)*x

ans =

(x^2 + x)*y − x^2 − 2*x

ans =

(−1/(4*exp(2*x)))*x + 3/(16*exp(2*x))

2. 函数 compose：复合函数计算

格式：compose(f,g)，返回复合函数 f[g(y)]，其中 f=f(x)，g=g(y)。

compose(f,g,z)，返回复合函数 f[g(z)]，其中 f=f(x)，g=g(y)。

compose(f,g,x,z)，返回复合函数 f[g(z)]，令变量 x 为函数 f 中的自变量 f=f(x)。令 x=g(z)，再将 x=g(z) 代入函数 f 中。

compose(f,g,x,y,z)，返回复合函数 f[g(z)]。令变量 x 为函数 f 中的自变量 f=f(x)，令变量 y 为函数 g 中的自变量 g=g(y)。令 x=g(y)，再将 x=g(y) 代入函数 f=f(x) 中，得 f[g(y)]，最后用指定的变量 z 代替变量 y，得 f[g(z)]。

例4.2.4

```
>> syms x y z t u v;
f = 1/(1 + x^2*y); h = x^t; g = sin(y); p = sqrt(−y/u);
C1 = compose(f,g)        % 令x=g=sin(y)，再替换f中的变量x
C2 = compose(f,g,t)      % 令x=g=sin(t)，再替换f中的变量x
C3 = compose(h,g,x,z)    % 令x=g=sin(z)，再替换h中的变量x
C4 = compose(h,g,t,z)    % 令t=g=sin(z)，再替换h中的变量t
C5 = compose(h,p,x,y,z)  % 令x=p(y)=sqrt(−y/u)，替换h中的变量x，再将y换成z
C6 = compose(h,p,t,u,z)  % 令t=p(u)=sqrt(−y/u)，替换h中的变量t，再将u换成z
```

计算结果为：

C1 =

1/(1+sin(y)^2*y)

C2 =

1/(1+sin(t)^2*y)

C3 =

sin(z)^t

C4 =

x^sin(z)

C5 =

((−z/u)^(1/2))^t

C6 =

$$x\hat{}((-y/z)\hat{}(1/2))$$

3. 函数conj：符号复数的共轭

格式：conj(X)，返回符号复数X的共轭复数。

X=real(X) + i*imag(X)，则conj(X)=real(X) − i*imag(X)。

4. 函数real：符号复数的实数部分

格式：real(Z)，返回符号复数Z的实数部分。

5. 函数imag：符号复数的虚数部分

格式：imag(Z)，返回符号复数Z的虚数部分。

例4.2.5 已知一复数表达式 z=x+i*y，试求其共轭复数、实部、虚部。

```
a=sym('a','real');
b=sym('b','real');
C=a+b*i
conj(C)
real(C)
imag(C)
```

计算结果：

```
C =


a + b*i


ans =


a − b*i


ans =


a


ans =


b
```

6. 函数digits：设置变量的精度

格式：digits(n)，n为所期望的有效位数。

d = digits，返回当前的可变算术精度位数给d。

digits，用来显示默认的有效位数，默认为32位。

7. 函数vpa：控制变量的精度

格式：S=vpa(s,n)，将s表示为n位有效位数的符号对象。

> 说明：s可以是数值对象或符号对象，但计算的结果S一定是符号对象；当参数n省略时则以给定的digits指定精度。vpa命令只对指定的符号对象s按新精度进行计算，并以同样的精度显示计算结果，但并不改变全局的digits参数。

例4.2.6

```
a=sym('2*sqrt(5)+pi')
digits                 % 显示默认的有效位数
vpa(a)                 % 用默认的位数计算并显示
vpa(a,20)              % 按指定的精度计算并显示
digits(15)             % 改变默认的有效位数
vpa(a)                 % 按digits指定的精度计算并显示
```

计算结果为：

a =

pi + 2*5^(1/2)

digits = 32

ans =

7.6137286085893726312809907207421

ans =

7.6137286085893726313

ans =

7.61372860858937

两者的区别：digits用于规定运算精度，凡是需要控制精度的，我们都对运算表达式使用vpa函数。要修改运算的精度，需要digits函数和vpa函数同时执行，单独使用digits函数不会改变运算精度。

8. 函数double：将符号转换为MATLAB的数值形式

格式：R = double(S)，将符号对象S转换为数值对象R。若S为符号常数或表达式常数，double返回S的双精度浮点数值表示形式；若S为每一元素是符号常数或表达式常数的符号矩阵，double返回S每一元素的双精度浮点数值表示的数值矩阵R。

例4.2.7

```
>>gold_ratio = double(sym('(sqrt(5)-1)/2'))    % 计算黄金分割率
>>T = sym(magic(4))
>>R = double(T)
```

计算结果为：

gold_ratio =

    0.6180

T =

$[16, 2, 3, 13]$

$[5, 11, 10, 8]$

$[9, 7, 6, 12]$

$[4, 14, 15, 1]$

R =

16	2	3	13
5	11	10	8
9	7	6	12
4	14	15	1

9. 函数 expand：符号表达式的展开

格式：R = expand(S)，对符号表达式 S 中每个因式的乘积进行展开计算。该命令通常用于计算多项式函数、三角函数、指数函数与对数函数等表达式的展开式。

例4.2.8

```
>>syms x y a b c t
>>D1 = expand((x-2)*(x-4)*(y-6))
>>D2 = expand(sin(x+y))
>>D3 = expand(exp((a+b)^3))
>>D4 = expand(log(a*b/sqrt(c)))
>>D5 = expand([tan(2*t), cos(2*t)])
```

计算结果为：

D1 =

36*x + 8*y − 6*x*y + x^2*y − 6*x^2 − 48

D2 =

cos(x)*sin(y) + cos(y)*sin(x)

D3 =

exp(3*a*b^2)*exp(3*a^2*b)*exp(a^3)*exp(b^3)

D4 =

log((a*b)/c^(1/2))

D5 =

[−(2*tan(t))/(tan(t)^2 − 1), cos(t)^2 − sin(t)^2]

10. 函数factor：符号因式分解

格式：factor(X)，参量X可以是正整数、符号表达式阵列或符号整数阵列。若X为一正整数，则factor(X)返回X的质数分解式。若X为多项式或整数矩阵，则factor(X)分解矩阵的每一元素。若整数阵列中有一元素位数超过16位，用户必须用命令sym生成该元素。

例4.2.9

```
>>syms a b x y
>>E1 = factor(x^4−y^4)
>>E2 = factor([a^2−b^2, x^3+y^3])
>>E3 = factor(sym('123456789012345678890'))
```

计算结果为：

E1 =

　　(x−y)*(x+y)*(x^2+y^2)

E2 =

　　[(a−b)*(a+b), (x+y)*(x^2−x*y+y^2)]

E3 =

　　(2)*(3)^2*(5)*(101)*(3803)*(3607)*(27961)*(3541)

11. 函数numden：符号表达式的分子与分母

格式：[N,D] = numden(A)，将符号或数值矩阵A中的每一元素转换成整系数多项式的有理式形式，其中分子与分母是相对互素的。输出的参量N为分子的符号矩阵，输出的参量D为分母的符号矩阵。

例4.2.10

```
>>syms x y a b c d;
```

>>[n1,d1] = numden(sym(sin(4/5)))

>>[n2,d2] = numden((x + 3)^2/(x+4)^2)

>>A = [a, 1/b;1/c d];

>>[n3,d3] = numden(A)

计算结果为：

n1 =

6461369247334093

d1 =

9007199254740992

n2 =

(x + 3)^2

d2 =

(x + 4)^2

n3 =

[a, 1]

[1, d]

d3 =

[1, b]

[c, 1]

12. 函数 simple：搜索符号表达式的最简形式

格式：r = simple(S)，该命令试图找出符号表达式 S 的代数上的简单形式，显示任意的能使表达式 S 长度变短的表达式，且返回其中最短的一个。若 S 为一矩阵，则结果为整个矩阵的最短形式，而非每一个元素的最简形式。若没有输出参量 r，则该命令将显示所有可能使用的算法与表达式，同时返回最短的一个。

[r,how] = simple(S)，没有显示中间的化简结果，但返回能找到的最短的一个。输出参量 r 为一符号，how 为一字符串，用于表示算法。

例4.2.11

>> y=sym('cos(x)^2−sin(x)^2')

>>simple(y)

>>R1= simple(y)

>> [R2,how] = simple(y)

计算结果为：

y =

cos(x)^2 − sin(x)^2

simplify:

cos(2*x)

radsimp:

cos(x)^2 − sin(x)^2

  simplify(100):

cos(2*x)

combine(sincos):

  cos(2*x)

combine(sinhcosh):

cos(x)^2 − sin(x)^2

combine(ln):

cos(x)^2 − sin(x)^2

factor:

  (cos(x) − sin(x))*(cos(x) + sin(x))

expand:

cos(x)^2 − sin(x)^2

combine:

cos(x)^2 − sin(x)^2

rewrite(exp):

  ((1/exp(x*i))/2 + exp(x*i)/2)^2 − (((1/exp(x*i))*i)/2 − (exp(x*i)*i)/2)^2

rewrite(sincos):

cos(x)^2 − sin(x)^2

rewrite(sinhcosh):

  cosh(−x*i)^2 + sinh(−x*i)^2

  rewrite(tan):

  (tan(x/2)^2 − 1)^2/(tan(x/2)^2 + 1)^2 − (4*tan(x/2)^2)/(tan(x/2)^2 + 1)^2

mwcos2sin:

1 − 2*sin(x)^2

collect(x):

cos(x)^2 − sin(x)^2

ans =

cos(2*x)

R1 =

  cos(2*x)

  R2 =

cos(2*x)

how =

simplify

13. 函数 simplify：符号表达式的化简

格式：R = simplify(S)。

例4.2.12

>>syms x a b c

>>R1 = simplify(sin(x)^4 + cos(x)^4)

>>R2 = simplify(exp(c*log(sqrt(a+b))))

>>S = [(x^2+5*x+6)/(x+2),sqrt(16)];

>>R3 = simplify(S)

计算结果为：

R1 =

    2*cos(x)^4+1−2*cos(x)^2

R2 =

    (a+b)^(1/2*c)

R3 =

    [x+3,   4]

14. 函数 size：符号矩阵的维数

格式：d = size(A)，若A为m×n阶的符号矩阵，则输出结果d=[m,n]。

[m,n] = size(A)，分别返回矩阵A的行数于m，列数于n。

d= size(A, n)，返回由标量n指定的A的方向的维数：n=1为行方向，n=2为列方向。

例4.2.13

>>syms a b c d

>>A = [a b c; a b d; d c b; c b a];

>>d = size(A)

>>r = size(A, 2)

计算结果为：

d =

    4   3

r =

    3

15. 函数 solve：代数方程的符号解析解

格式：g = solve(eq)，输入参量eq可以是符号表达式或字符串。若eq是一符号表达式或一没有等号的字符串，则solve(eq)求解方程eq=0。若输出参量g为单一变量，则对于有多重解的非线性方程，g为一行向量。求解变量为默认变量。

g = solve(eq,var)，对符号表达式或没有等号的字符串eq中指定的变量var求解方程eq(var)=0。

g = solve(eq1,eq2,…,eqn)，输入参量eq1,eq2,…,eqn可以是符号表达式或字符

串。该命令对方程组 eq1,eq2,…,eqn 中的 n 个变量如 x1,x2,…,xn 求解。若 g 为一单个变量,则 g 为一包含 n 个解的结构;若 g 为有 n 个变量的向量,则分别返回结果给相应的变量。

g = solve(eq1,eq2,…,eqn,var1,var2,…,varn),对方程组 eq1,eq2,…,eqn 中指定的 n 个变量如 var1,var2,…,varn 求解。

注意: 对于单个的方程或方程组,若不存在符号解,则返回方程(组)的数值解。

例4.2.14

(1) 求方程 $ax^2+bx+c=0$ 和 $\sin x=0$ 的解。

```
f1=sym('a*x^2+b*x+c')          %无等号
 solve(f1)                     %求方程的解x
f2=sym('sin(x)')
solve(f2,'x')
```

计算结果为:

```
f1 =
a*x^2+b*x+c
ans =
[ 1/2/a*(-b+(b^2-4*a*c)^(1/2))]
[ 1/2/a*(-b-(b^2-4*a*c)^(1/2))]
f2 =
sin(x)
ans =
0
```

(2) 求三元非线性方程组 $\begin{cases} x^2 + 2x + 1 = 0, \\ x + 3z = 4, \\ yz = -1 \end{cases}$ 的解。

```
eq1=sym('x^2+2*x+1');
eq2=sym('x+3*z=4');
eq3=sym('y*z=-1');
[x,y,z]=solve(eq1,eq2,eq3)     %解方程组并赋值给x,y,z
```

计算结果为:

```
x =
-1
y =
-3/5
```

z =

5/3

16. 函数poly：特征多项式

格式：p = poly(A)或p = poly(A, v)，若A为一数值阵列，则返回矩阵A的特征多项式的系数，且有：命令poly(sym(A))近似等于poly2sym(poly(A))，其近似程度取决于舍入误差的大小。若A为一符号矩阵，则返回矩阵A的变量为x的特征多项式。若带上参量v，则返回变量为v的特征多项式。

例4.2.15

```
>>A = magic(4);
>>p = poly(A)
>>q = poly(sym(A))
>>s = poly(sym(A),'z')
```

计算结果为：

p =

   1.0e+003 *

     0.0010   −0.0340   −0.0800   2.7200   −0.0000

q =

x^4 − 34*x^3 − 80*x^2 + 2720*x

s =

z^4 − 34*z^3 − 80*z^2 + 2720*z

17. 函数poly2sym：将多项式系数向量转化为带符号变量的多项式

格式：r = poly2sym(c)和r = poly2sym(c, v)，将系数的数值向量c转化成相应的带符号变量的多项式（按次数的降幂排列）。缺省的符号变量为x；若带上参量v，则符号变量用v显示。

例4.2.16

```
>>r1 = poly2sym([1 2 3 4])
>>r2 = poly2sym([1 0 1 −1 2], y)
```

计算结果为：

  r1 =

      x^3+2*x^2+3*x+4

  r2 =

      y^4+y^2−y+2

18. 函数pretty：将复杂的符号表达式显示成我们习惯的数学手写形式

格式：pretty(S)，S为符号表达式或者符号变量。

例4.2.17

```
>>syms x
>>y=log(x)/sqrt(x)
```

```
>>dy = diff(y)
>>pretty(dy)
```

计算结果为：

```
y =
log(x)/x^(1/2)
dy =
1/x^(3/2) − log(x)/(2*x^(3/2))

   1         log(x)
  ──── − ──────
   3/2        3/2
  x         2 x
```

19. 函数findsym：从一符号表达式中或矩阵中找出符号变量

格式：r = findsym(S)，以字母表的顺序返回表达式S中的所有符号变量（注：符号变量为由字母（除了i与j）与数字构成的、字母打头的字符串）。若S中没有任何的符号变量，则findsym返回一空字符串。

r = findsym(S,n)，返回字母表中接近x的n个符号变量。

例4.2.18 创建符号变量a, b, n, x和t，建立函数f=axn+bt，然后求f的默认自变量。

```
>>syms a b n t x
f>>=a*x^n+b*t
>>findsym(f,1)        % f 表达式中按最接近 x 顺序排列的 1 个默认自变量
>>findsym(f,2)        % f 表达式中按最接近 x 顺序排列的 2 个默认自变量
>>findsym(f,5)        % f 表达式中按最接近 x 顺序排列的 5 个默认自变量
>>findsym(f)          % f 表达式中按最接近字母顺序排列的全部自变量
```

计算结果为：

```
 f =
a*x^n + b*t
ans =
x
ans =
x,t
ans =
x,t,n,b,a
ans =
a,b,n,t,x
```

20. 函数finverse：函数的反函数

格式：g = finverse(f)，返回函数f的反函数。其中f为单值的一元数学函数，如f=f(x)。

若f的反函数存在,设为g,则有g[f(x)] = x。

g = finverse(f,v),若符号函数f中有几个符号变量,对指定的符号自变量v计算其反函数。若其反函数存在,设为g,则有g[f(v)]=v。

例4.2.19

```
>> f=sym('t*e^x')
>>V1 =finverse(f)                % 对默认自由变量求反函数
>>V2 ==finverse(f,'t')           % 对t求反函数
```

计算结果为:

```
f =
    t*e^x
V1 =
    log(x/t)/log(e)
V2 =
    t/(e^x)
```

21. 函数horner:嵌套形式的多项式的表达式

格式:R = horner(S),若S为一符号多项式的矩阵,该命令将矩阵的每一元素转换成嵌套形式的表达式R。

例4.2.20

```
>>syms x y
>>H1 = horner(2*x^4-6*x^3+9*x^2-6*x-4)
>>H2 = horner([x^2+x*y;y^3-2*y])
```

计算结果为:

```
H1 =
    -4+(-6+(9+(-6+2*x)*x)*x)*x
H2 =
    [ x^2+x*y]
    [ (-2+y^2)*y]
```

4.3 符号极限、微积分、级数求和、微分方程求解

4.3.1 符号极限

假定符号表达式的极限存在,Symbolic Math Toolbox提供了直接求表达式极限的函数limit,函数limit的基本用法如表4.2所示。

表4.2 limit 函数的用法

表 达 式	函 数 格 式	说　　　明
$\lim\limits_{x\to 0} f(x)$	limt(f)	对x求趋近于0的极限
$\lim\limits_{x\to a} f(x)$	limt(f,x,a)	对x求趋近于a的极限,当左右极限不相等时极限不存在
$\lim\limits_{x\to a^-} f(x)$	limt(f,x,a, 'left')	对x求左趋近于a的极限
$\lim\limits_{x\to a^+} f(x)$	limt(f,x,a, 'right')	对x求右趋近于a的极限

例4.3.1 分别求 $1/x$ 在0处从两边趋近、从左边趋近和从右边趋近的3个极限值。

```
>> f=sym('1/x')

f =

1/x
>> limit(f)              %对x求趋近于0的极限

ans =

NaN
>> limit(f,x,0)          %对x求趋近于0的极限

ans =

NaN
>> limit(f,x,0,'left')   %左趋近于0

ans =

-inf
>> limit(f,x,0,'right')  %右趋近于0

ans =

inf
```

程序分析:当左右极限不相等时,表达式的极限不存在,为NaN。

4.3.2　符号求导

函数diff用来求符号表达式的导数。

语法:

diff(f,x),求导。

diff(f,x,n),求n阶导数。

diff(diff(f,x,m),y,n) 或 diff(diff(f,y,n),x,m),求多元函数的偏导数。

例4.3.2 设 $y = x^{10}+10x+\ln x$,求 y'。

```
>> syms x                %定义x为符号变量
>> y=x^10+10^x+log(x)
```

y =

x^10+10^x+log(x)

>> diff(y)   % 求 $\dfrac{\mathrm{d}y}{\mathrm{d}x}$

ans =

10*x^9+10^x*log(10)+1/x

例4.3.3 设 $z = \mathrm{e}^{2x}(x + y^2 + 2y)$，求 $\dfrac{\partial z}{\partial x}$，$\dfrac{\partial z}{\partial y}$，$\dfrac{\partial^2 z}{\partial x^2}$，$\dfrac{\partial^2 z}{\partial y^2}$，$\dfrac{\partial^2 z}{\partial x \partial y}$。

>> syms x y;

z=exp(2*x)*(x+y^2+2*y);

a=diff(z,x)

b=diff(z,y)

c=diff(z,x,2)

d=diff(z,y,2)

e=diff(a,y)

结果为:

a =2*exp(2*x)*(x+y^2+2*y)+exp(2*x)

$$\left(即\ a = \frac{\partial z}{\partial x} = 2\mathrm{e}^{2x}(x + y^2 + 2y) + 2\mathrm{e}^{2x}\right)$$

b =exp(2*x)*(2*y+2)

$$\left(即\ b = \frac{\partial z}{\partial y} = \mathrm{e}^{2x}(2y + 2)\right)$$

c =4*exp(2*x)*(x+y^2+2*y)+4*exp(2*x)

$$\left(即\ c = \frac{\partial^2 z}{\partial x^2} = 4\mathrm{e}^{2x}(x + y^2 + 2y) + 4\mathrm{e}^{2x}\right)$$

d =2*exp(2*x)

$$\left(即\ d = \frac{\partial^2 z}{\partial y^2} = 2\mathrm{e}^{2x}\right)$$

e =2*exp(2*x)*(2*y+2)

$$\left(即\ e = \frac{\partial^2 z}{\partial x \partial y} = 2\mathrm{e}^{2x}(2y + 2)\right)$$

4.3.3 符号积分

积分有定积分和不定积分,运用函数int可以求得符号表达式的积分。

语法:

int(f,'t'),求符号变量t的不定积分。

int(f,'t',a,b),求符号变量t的积分。

int(f,'t','m','n'),求符号变量t的积分。

> **说明：** t为符号变量，当t省略则为默认自由变量；a和b为数值，[a, b]为积分区间；m和n为符号对象，[m,n]为积分区间。与符号微分相比，符号积分复杂得多。因为函数的积分有时可能不存在，即使存在，也可能限于很多条件，MATLAB无法顺利得出。当MATLAB不能找到积分时，它将给出警告提示并返回该函数的原表达式。

例4.3.4 求积分 $\int \cos x \mathrm{d}x$ 和 $\int \left(\int \cos x \mathrm{d}x \right) \mathrm{d}x$。

```
>>   f=sym('cos(x)');
>>   int(f)                    % 求不定积分
ans =
sin(x)
>>   int(f,0,pi/3)             % 求定积分
ans =
1/2*3^(1/2)
>>   int(f,'a','b')            % 求定积分
ans =
sin(b)−sin(a)
>>   int(int(f))               % 求多重积分
ans =
−cos(x)
```

4.3.4 符号级数

1. symsum 函数

语法：

r = symsum(s),对符号表达式s中的默认符号变量k从0到k−1求和。

r = symsum(s,v),对符号表达式s中指定的符号变量v从0到v−1求和。

r = symsum(s,a,b),对符号表达式s中的符号变量k从a到b求和。

r = symsum(s,v,a,b),对符号表达式s中指定的符号变量v从a到b求和。

例4.3.5

```
>>syms k n x
>>r1 = symsum(k)
>>r2 = symsum(k^2−k)
>>r3 = symsum(k^2,0,10)
```

>>r4 = symsum(x^k/sym('k!'), k, 0,inf)   ％为使k！通过MATLAB表达式的检验，必须把它作为一符号表达式

计算结果为：

r1 =

　　k^2/2 − k/2

r2 =

　　1/3*k^3−k^2+2/3*k

r3 =

　　385

r4 =

　　exp(x)

2. taylor 函数

语法：

taylor (F, x, n)，求泰勒级数展开。

> **说明：** x为自变量，F为符号表达式；对F进行泰勒级数展开至n项，参数n省略则默认展开前5项。

例4.3.6　求 e^x 的泰勒展开式。

```
>> syms x
>>   s1=taylor(exp(x),8)        ％展开前8项
s1 =
x^7/5040 + x^6/720 + x^5/120 + x^4/24 + x^3/6 + x^2/2 + x + 1
 s2=taylor(exp(x))               ％默认展开前5项
s2 =
x^5/120 + x^4/24 + x^3/6 + x^2/2 + x + 1
```

4.3.5　符号微分方程

MATLAB提供了dsolve命令，可以对符号常微分方程进行求解。

语法：

dsolve('eq','con','v')，求解微分方程。

dsolve('eq1,eq2…','con1,con2…','v1,v2…')，求解微分方程组。

> **说明：** 'eq'为微分方程；'con'是微分初始条件，可省略；'v'为指定自由变量，省略时则默认x或t为自由变量；输出结果为结构数组类型。

当 y 是因变量时,微分方程 'eq' 的表述规定为:

y 的一阶导数 $\dfrac{dy}{dx}$ 或 $\dfrac{dy}{dt}$ 表示为 Dy;

y 的 n 阶导数 $\dfrac{d^n y}{dx^n}$ 或 $\dfrac{d^n y}{dt^n}$ 表示为 Dny。

微分初始条件 'con' 应写成 'y(a)=b,Dy(c)=d' 的格式;当初始条件少于微分方程数时,在所得解中将出现任意常数符 C1,C2,…,解中任意常数符的数目等于所缺少的初始条件数。

例4.3.7 求微分方程 $x\dfrac{d^2 y}{dx^2} - 3\dfrac{dy}{dx} = x^2$, $y(1)=0$, $y(0)=0$ 的解。

```
>> y=dsolve('x*D2y-3*Dy=x^2','x')          % 求微分方程的通解
y =
C6*x^4 - x^3/3 + C5
>> y=dsolve('x*D2y-3*Dy=x^2','y(1)=0,y(5)=0','x')   % 求微分方程的特解
y =
(31*x^4)/468 - x^3/3 + 125/468
```

例4.3.8 解微分方程

$$\begin{cases} \ddot{x}(t) + 2\,\dot{x}(t) = x(t) + 2y(t) - e^{-t}, \\ y(t) = 4x(t) + 3y(t) + 4e^{-t}。\end{cases}$$

```
>> [x,y]=dsolve('D2x+2*Dx=x+2*y-exp(-t)','Dy=4*x+3*y+4*exp(-t)')
x =
  25/(2*exp(t)) - (6*t)/exp(t) - (C7*exp(t + 6^(1/2)*t))/5 - (C8*exp(t - 6^(1/2)*t))/5 -
C6/exp(t) + (6^(1/2)*C7*exp(t + 6^(1/2)*t))/5 - (6^(1/2)*C8*exp(t - 6^(1/2)*t))/5


y =
  (6*t)/exp(t) - 12/exp(t) + (8*C7*exp(t + 6^(1/2)*t))/5 + (8*C8*exp(t - 6^(1/2)*t))/5 +
C6/exp(t) + (2*6^(1/2)*C7*exp(t + 6^(1/2)*t))/5 - (2*6^(1/2)*C8*exp(t - 6^(1/2)*t))/5
```

习题4

1. 创建符号变量有几种方法?

2. 用符号函数法求解方程 $at^2 + bt + c = 0$。

3. 求矩阵 $A = \begin{bmatrix} a_{11} & a_{12} \\ a_{21} & a_{22} \end{bmatrix}$ 的行列式值、逆和特征根。

4. $f = \begin{bmatrix} a & x^2 & \dfrac{1}{x} \\ e^{ax} & \log(x) & \sin(x) \end{bmatrix}$,用符号微分求 df/dx。

5. 用符号函数绘图法绘制函数 $x=\sin(3t)\cos t$，$y=\sin(3t)\sin t$ 的图形，t 的变化范围为 $[0,2\pi]$。

6. 用符号函数法分别求 $f = ax^3 + by^2 + cx + d$ （1）对 x,y 进行 3 次微分；（2）对 y 进行定积分和不定积分，y 的定积分区间为 $(0,1)$；（3）y 趋向于 1 的极限。

7. 解方程组 $\begin{cases} \dfrac{\mathrm{d}y}{\mathrm{d}x} - z = \cos x, \\[2mm] \dfrac{\mathrm{d}z}{\mathrm{d}x} + y = 1。 \end{cases}$ 当 $y(0)=1$，$z(0)=0$ 时，求微分方程组的解。

8. 求级数 $1 + \dfrac{1}{2^2} + \dfrac{1}{3^2} + \cdots + \dfrac{1}{k^2} + \cdots$ 及 $1 + x + x^2 + \cdots + x^k + \cdots$ 的和。

9. 求下列不定积分：

（1）$\displaystyle\int (3 - x^2)^3 \mathrm{d}x$；

（2）$\displaystyle\int \sin^2 x \mathrm{d}x$；

（3）$\displaystyle\int \mathrm{e}^{\alpha t} \mathrm{d}t$；

（4）$\displaystyle\int \dfrac{5xt}{1 + x^2} \mathrm{d}t$。

10. 求下列定积分：

（1）$\displaystyle\int_1^2 |1 - x| \mathrm{d}x$；

（2）$\displaystyle\int_{-\infty}^{+\infty} \dfrac{1}{1 + x^2} \mathrm{d}x$；

（3）$\displaystyle\int_2^3 \dfrac{x^3}{(x - 1)^{10}} \mathrm{d}x$；

（4）$\displaystyle\int_2^{\sin x} \dfrac{4x}{t} \mathrm{d}t$。

11. 求函数的泰勒级数展开式：

（1）求 $\sqrt{1 - 2x + x^3} - \sqrt[3]{1 - 3x + x^2}$ 的 5 阶泰勒级数展开式；

（2）将 $\dfrac{1 + x + x^2}{1 - x + x^2}$ 在 $x=1$ 处按 5 次多项式展开。

第五章

MATLAB程序设计 —————————————————

在数学建模的过程中,往往需要运用MATLAB去解决实际问题,所以我们就需要学习比较深层的MATLAB内容:脚本文件,函数文件(一般函数、内联函数、子函数),函数句柄的创建和使用,程序调试,面向对象编程。MATLAB与其他大部分高级语言一样,有它自己的控制流语句。控制流极其重要,因为它使过去的计算影响将来的运算。MATLAB提供如下几种控制流结构:for循环,while循环,if-else-end结构和switch-case-end结构。由于这些结构经常包含大量的MATLAB命令,故经常出现在M文件中。MATLAB支持的控制流语句和C语言支持的控制流语句在调用格式上非常相似。

5.1 M文件

5.1.1 M文件概述

MATLAB的工作方式有两种,一种是交互式的指令行操作方式,即用户在命令窗口中按MATLAB的语法规则输入命令行并按回车键后,系统将执行该命令并即时给出运算结果。它简便易行,非常适合于对简单问题的数学演算、结果分析及测试。但是当要解决的问题变得复杂后,用户将要求系统一次执行多条MATLAB语句,显然逐条指令行的交互式人机方式就不再适应大型或复杂问题的解决,这时就要用MATLAB的第二种工作方式,即M文件的编程工作方式。

M文件的编程工作方式就是用户通过在命令窗口中调用M文件,从而实现一次执行多条MATLAB语句的方式。M文件是由MATLAB语句(命令行)构成的ASCII码文本文件,即M文件中的语句应符合MATLAB的语法规则,且文件名必须以.m为扩展名。用户可以用任何文本编辑器来对M文件进行编辑。

1. M文件的建立与打开

M文件是一个文本文件,它可以用任何编辑程序来建立和编辑,而一般常用且最为方便的是使用MATLAB提供的文本编辑器。

(1)建立新的M文件。为建立新的M文件,启动MATLAB文本编辑器有3种方法:

① 菜单操作。从MATLAB主窗口的File菜单中选择New菜单项,再选择M-file命令,屏幕上将出现MATLAB文本编辑器窗口。

② 命令操作。在MATLAB命令窗口输入命令edit，启动MATLAB文本编辑器后，输入M文件的内容并存盘。

③ 命令按钮操作。单击MATLAB主窗口工具栏上的New M-File命令按钮，启动MATLAB文本编辑器后，输入M文件的内容并存盘。

（2）打开已有的M文件。打开已有的M文件，也有3种方法：

① 菜单操作。从MATLAB主窗口的File菜单中选择Open命令，则屏幕出现Open对话框，在Open对话框中选中所须打开的M文件。在文档窗口可以对打开的M文件进行编辑修改，编辑完成后，将M文件存盘。

② 命令操作。在MATLAB命令窗口输入命令：edit文件名，则打开指定的M文件。

③ 命令按钮操作。单击MATLAB主窗口工具栏上的Open File命令按钮，再从弹出的对话框中选择所须打开的M文件。

（3）保存文件：文件运行前必须完成保存操作，与一般的文件编辑保存操作相同。

（4）运行文件：在命令窗口输入文件名即可运行。如要在编辑器中直接完成运行，可在编辑器的Debug菜单下选择save and run选项，或按Run快捷键，最快捷的方法是直接按F5键执行运行。

M文件可以根据调用方式的不同分为两类：命令文件(Script File)和函数文件(Function File)。

2. 命令文件

M文件中最简单的一种，不需要输出输入参数，用M文件可以控制工作空间的所有数据。运行一个命令文件等价于从命令窗口中顺序运行文件里的命令，程序不需要预先定义，只要依次将命令编辑在命令文件中即可。命令文件有如下5个特点：

（1）命令文件中的命令格式和前后位置与在命令窗口中输入的没有任何区别。

（2）MATLAB在运行命令文件时，只是简单地按顺序从文件中读取一条条命令，送到MATLAB命令窗口中去执行。

（3）命令文件可以访问MATLAB当前工作空间中的所有变量和数据。

（4）命令文件运行过程中创建或定义的所有变量都被保留在工作空间中，工作空间中其他命令文件和函数可以共享这些变量。用户可以在命令窗口访问这些变量，并用"who"和"whos"命令对其进行查询，也可用"clear"命令清除。所以，要注意避免变量的覆盖而造成程序出错。

（5）命令文件一般用clear, close all等语句开始，清除掉工作空间中原有的变量和图形，以避免其他已执行的程序残留数据对本程序的影响。

下面的程序为命令文件的例子。

例5.1.1 用三角函数计算画出花瓣图形（图5.1）。

```
theta=-pi:0.01:pi;
  rho(1,:) =2*sin(5*theta).^2;
rho(2,:)=cos(10*theta).^3;
```

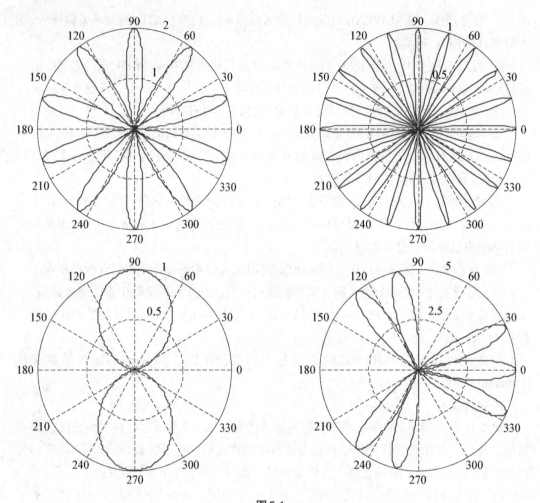

图 5.1

```
   rho(3,: )=sin(theta).^2;

   rho(4,: )=5*cos(3.5*theta).^3;

for   k = 1:4

subplot(2,2,k),polar(theta,rho(k,: ))

end
```

将程序保存成名为 petals 的 M 文件,并运行。

说明:

（1）% 为引导注释行,不予执行。

（2）若文件存放在自己的目录上,在运行文件前,应先将自己的目录设置为当前工作目录。最简单的方法:在当前目录浏览器中设置。

（3）运行后存放在工作空间的变量可以用工作空间浏览器查看。

3. 函数文件

如果M文件的第一个命令行以function开始,便是函数文件,每一个函数文件定义一个函数。函数文件区别于命令文件之处在于命令文件的变量在文件执行完成后保留在工作空间中,而函数文件内定义的变量只在函数文件内起作用,文件执行完后即被清除。但特别需要注意以下4点:

(1)函数文件必须以关键字"function"开头。

(2)函数文件的第一行为函数说明语句,其格式为:

function [输出变量列表] = 函数名(输入变量列表)

其中函数名为用户自己定义的函数名(与变量的命名规则相同)。

(3)函数文件在运行过程中产生的变量都存放在函数本身的工作空间,当文件执行完最后一条命令或遇到"return"命令时,就结束函数文件的运行,同时函数工作空间的变量被清除。

(4)用户可通过函数说明语句中的输出变量列表和输入变量列表来实现函数参数的传递。输出变量列表和输入变量列表不是必需的。

下面举例说明函数文件的调用和参数传递的过程。

例5.1.2 建立average函数用于计算矢量中单元的平均值。

```
function   y = average(x)
 %AVERAGE Mean of vector elements.
%AVERAGE(X),Where X is a vector, is the mean of vector element.
%Non-vector input results in an error.
[m,n]=size(x);
   if(~((m==1)|(n==1))|(m==1& n==1))
      error(' Input must be a vector')
end
   y=sum(x)/length(x);
```

将文件存盘,缺省状态下自动存储名为average.m的函数。这样只要接受一个输入参数便可计算返回一个输出参数,与其他MATLAB函数一样使用。

用已建立的average函数文件求1~99的平均值,只需要在命令窗口调用函数文件:

```
z=1:99;
average(z)
```

例5.1.3 分别建立命令文件和函数文件,将华氏温度f转换为摄氏温度C。

(1)首先建立命令文件并以文件名exam5_1.m存盘。

```
clear;   %清除工作空间中的变量
f=input('Input Fahrenheit temperature: ');
c=5*(f-32)/9
```

然后在MATLAB的命令窗口中输入exam5_1,将会执行该命令文件,执行情况为:

```
>>exam5_1
Input Fahrenheit temperature：73
c =
    22.7778
```

（2）首先建立函数文件 f2cc.m。

```
function c＝f2cc(f)
c＝5*(f-32)/9
```

然后在 MATLAB 的命令窗口调用该函数文件。

```
>>f2cc(82.6)
ans =
    28.1111
```

5.1.2　局部变量与全局变量

用户在命令文件和函数文件中经常要用到变量，但命令文件中的变量和函数文件中的变量却存在着较大的区别。函数文件中所使用的变量，除输入和输出变量以外，所有变量都是局部变量，它们与其他函数变量是相互隔离的，即变量只在函数内部起作用，在该函数返回之后，这些变量会自动在 MATLAB 的工作空间中被清除掉。而命令文件中的变量是全局变量，工作空间的所有命令和函数都可以直接访问这些变量。与局部变量不同，全局变量是整个程序的变量，但一般情况下不定义全局变量。在命令窗口或脚本 M 文件定义的变量都是全局变量，为了避免用户无意中使用全局变量，要求在函数中使用全局变量时必须进行特殊申明。

如果用户需要在多个函数中使用相同的变量，或想使这些中间变量在工作空间中起作用，则应该把它们设置成全局变量。全局变量的定义由命令 "global" 实现，一般在 M 函数的开头定义，命令形式为：

global A B C

不同的全局变量名用空格隔开。"global" 命令应当在工作空间和 M 函数中都出现，如果只在一方出现，则不被承认为全局变量。另外，在 MATLAB 中对变量名是区分大小写的，因此，在程序中为了不与普通变量相混淆，习惯上我们将全局变量用大写字母表示。下面是在函数中如何使用全局变量的例子，首先创建函数文件 mean1.m。

例 5.1.4

```
function s = mean1          %MATLAB 函数文件 mean1.m
global  BEG  END            %说明全局变量 BEG 和 END
k=BEG:END;                  %由全局变量 BEG 和 END 创建向量 k
s=sum(k);                   %对向量元素值求和
```

该函数是一个只有输出变量而无输入变量的函数，用户可以通过下面一系列命令来调用该函数。

```
>> global BEG END      % 在 MATLAB 工作空间里定义 BEG 和 END 为全局变量
>> BEG=1; END=10;
>> s1=mean1            % 调用函数 mean1
s1=
    55
>> BEG=1; END=20;
>> s2=mean1            % 调用函数 mean1
s2=
       210
```

可见,使用全局变量也可以实现函数参数传递的作用,但这样却破坏了函数的封装性,建议尽量避免使用。

5.2 程序结构

计算机程序通常都是从前到后逐条执行的,但有时也会根据实际情况,中途改变执行次序,称为流程控制。与大多数计算机语言一样,MATLAB 支持各种流程控制结构,如顺序结构、循环结构和条件结构(又称分支结构)。MATLAB 为用户提供了丰富的程序结构语句用来实现用户对程序流程的控制。

5.2.1 循环结构

在实际问题中会遇到许多有规律的重复运算,因此在程序中就需要将某些语句重复执行,这时就需要用到循环结构。在循环结构中,一组被重复执行的语句称为循环体,每循环一次,都必须作出是否继续重复的决定,这个决定所依据的条件称为循环的终止条件。MATLAB 提供了两种循环结构: for-end 循环和 while-end 循环。

1. for-end 循环结构

for-end 循环为计数循环,其基本格式为:

```
for 循环变量 = 表达式
        循环体
    end
```

> **说明:**
> (1) for 和 end 是必需的,不可省略,而且必须配对使用。
> (2) 表达式是一个矩阵,用来表示循环的次数。表达式通常的形式为"m:s:n", m 是循环初值,n 是循环终值,s 为步长,s 可以缺省,缺省值为1。

（3）循环体被循环执行，执行的次数由表达式控制。循环变量依次取表达式矩阵的各列，每取一次，循环体执行一次。

（4）循环不会因为在循环体内对循环变量重新设置值而中断。

for-end循环结构的执行过程是：从表达式矩阵的第一列开始，依次将表达式矩阵的各列之值赋值给循环变量，然后执行循环体中的语句，直到最后一列。下面就各种情况展示几个for-end循环结构的命令。

例5.2.1

```
>> s=0;
for n=1:2:99            % 求和
s=s+n;
end
>> s
s=

    2500
```

注意：上面的例子与下面这一例子在循环体语句中分号";"的使用有区别。

```
>> a=[1  2  3  4;5  6  7  8;9  10  11  12];
>> for n=a   % 依次将矩阵 a 的每一列赋值给 n，即每一次赋值都是一列元素
y=n(1)-n(2)+n(3)   % 将 a 的每一列的3个元素进行算术运算，显示计算结果
end
y=

    5
y=

    6
y=

    7
y=

    8
```

for-end循环结构也可以嵌套使用，实现多重循环。在实现多重循环的嵌套时，应注意for和end必须成对出现。例如，要定义一个5×5的方阵，其每个元素为该元素的行号和列号之和，我们即可用嵌套的二重for-end循环结构来实现，命令如下：

例5.2.2

```
>> for n=1:5
```

```
for m=1:5
a(n,m)=n+m;              % 此处的分号很重要
end
end
>> a
a=
```

2	3	4	5	6
3	4	5	6	7
4	5	6	7	8
5	6	7	8	9
6	7	8	9	10

2. while-end循环结构

for-end循环的循环次数是确定的,而while-end循环的循环次数不确定,它是在逻辑条件控制下重复不确定次,直到循环条件不成立为止。因此,while-end循环为条件循环,其基本格式为:

while　表达式

　　　　循环体

　　end

> **说明:**
>
> (1) while 和 end 是必需的,不可省略,而且必须配对使用。
>
> (2) 只要表达式为逻辑真,就执行循环体;一旦表达式为假,就结束循环。
>
> (3) 表达式可以是向量也可以是矩阵。如果表达式为矩阵,则当所有的元素都为真才执行循环体;如果表达式为 NaN,MATLAB 认为是假,不执行循环体。

while-end 循环结构的执行过程是:首先判断表达式是否成立,若成立则运行循环体中的语句,否则停止循环。通常是通过在循环体中对表达式进行改变来控制循环是否结束。

前面,我们曾经用for-end循环结构实现求和,下面我们用while-end循环结构来实现该运算。

例5.2.3

```
>> s=0; n=1;
>> while   n<100
s=s+n;
n=n+2;
end
>> s,n              % 显示停止循环后 s 和 n 的值
```

```
s=

    2500

n=

    101
```

例5.2.4 下面为一命令文件"example5_2.m",实现运算。

```
% 此程序文件名为 example5_2.m
clear                    % 清变量
s=0; n=1;                % 为 s 和 n 置初始值
while n<=100
    s=s+1/n;
    n=n+1;
end
s                        % 显示最后的求和结果
```

在命令窗口中运行该程序文件,结果为:

```
>> example5_2
s=

    5.1874
```

5.2.2　条件转移结构

在复杂的计算中常常需要根据表达式的情况(是否满足某些条件)确定下一步该做什么。MATLAB 也为用户提供了方便的条件控制语句,用以实现程序的条件分支运行。实现条件控制的结构有两个: if-else-end 结构和 switch-case 结构。

1. if-else-end 结构

if-else-end 结构是最常见的条件转移结构,其基本格式为:

```
if    表达式 1
        语句体 1
    elseif   表达式 2
        语句体 2
        ……
    else
        语句体 n
    end
```

说明:

(1) 当有多个条件时,若条件式 1 为假,则再判断 elseif 的条件式 2,如果所有条件式都不满足,则执行 else 的语句体 n ,然后跳出 if-else-end 结构;当条件式为真,则执行相应的语句体,否则跳过该语句体。

（2）if-else-end 结构也可以是没有 elseif 和 else 的简单结构,但 if 和 end 不可省略且必须配对使用。

（3）在执行 for-end 循环和 while-end 循环语句时,可以利用 "if + break" 语句中止循环运算。

下面举例说明:编制 M 函数文件 "polyadd.m",实现不等长多项式的加法运算。

例5.2.5

```
function y=polyadd(x1,x2)      % x1 和 x2 为两个不等长多项式系数向量
n1=length(x1);                 % 测试 x1 的长度
n2=length(x2);                 % 测试 x2 的长度
if   n1>n2                     % 对较短的向量进行补零处理
     x2=[zeros(1,n1-n2),x2];
else
     x1=[zeros(1,n2-n1),x1];
end
y=x1+x2;
```

下面在 MATLAB 命令窗口中调用该函数:

```
>> x1=[1   2]; x2=[5   6   7   8];
>> y=polyadd(x1,x2)
y=
        5    6    8    10
```

下面是 for-end 循环与 if-else-end 结构联合应用的例子。

例5.2.6

```
>> y=0;                        % 对变量 y 清零
>> for n=1:4
if   n>2                       % 只有一个条件,所以只用 "if-end" 结构
y=n^2
end
end
y=
    9
y=
    16
```

```
>> y=[3  4  5  9  2];
>> for i=1:length(y)
if   rem(y(i),3)==0           % 把 y 向量每个元素调整为被 3 整除后的余数
y(i)=0;
elseif   rem(y(i),3)==1
y(i)=1;
else
y(i)=2;
end
end
>>y
y=
    0   1   2   0   2
```

下面是在for-end循环中应用if + break语句的例子。

例5.2.7　在自然数1至100的求和运算中,当和超过100时停止运算,并显示此时自然数的取值。

```
>> sum=0;
>> for n=1:100
if sum>100
n
break
end
sum=sum+n;
end
n=
    15
```

2. switch-case 结构

当程序运行过程中需要根据某个变量的多种不同取值情况来运行不同的语句时,就要用到switch-case结构,它是具有多个分支结构的条件转移结构,其基本格式为:

```
switch   表达式
        case   值 1
              语句体 1
        case   值 2
              语句体 2
        ……
        otherwise
```

　　　　　语句体 n

　　end

> **说明：**
>
> 　（1）表达式的值和哪种情况（case）的值相同，就执行哪种情况中的语句体，然后跳出该分支结构；如果都不同，则执行otherwise中的语句体。
>
> 　（2）格式中也可以不包括otherwise，这时如果表达式的值与列出的各种情况都不相同，则跳出该分支结构，继续向下执行。
>
> 　（3）switch和end必须配对使用。

下面举例说明。

例5.2.8　把y向量每个元素调整为被3整除后的余数后，保存到g向量中。

```
>> y=[3   4   5   9   2];
>> g=zeros(1,length(y));
>> for i=1:length(y)
switch   rem(y(i),3)
case   0
g(i)=0;
case   1
g(i)=1;
otherwise
g(i)=2;
end
end
>> g
g=
     0   1   2   0   2
```

在下面的举例中，注意case语句中可选多个取值的情况。多个取值用"{}"表示，括号内的数据用逗号分隔。

例5.2.9　用switch-case结构得出各月份的季节。

```
for month=1:12;
switch month
case{3,4,5}
     season='spring'
case{6,7,8}
     season='summer'
```

```
case{9,10,11}
    season='autumn'
otherwise
    season='winter'
end
```

计算结果为：

```
season =
winter
season =
winter
season =
spring
season =
spring
season =
spring
season =
summer
season =
summer
season =
summer
season =
autumn
season =
autumn
season =
autumn
season =
winter
```

5.2.3 流程控制命令

在执行主程序文件中，往往还希望在适当的地方对程序的运行进行观察或干预，这时就需要流程控制命令。在调试程序时，还需要人机交互命令，所以有些流程控制命令是人机交互式的。流程控制命令见表5.1。

表 5.1 流程控制命令

命　　令	说　　明
^C	强行停止程序运行
break	终止执行循环
continue	结束本次循环而继续进行下次循环
disp(A)	显示变量 A 的内容
echo on(off)	显示程序内容（不显示程序内容，此为缺省情况）
input('提示符')	程序暂停，显示'提示符'，等待用户输入数据
keyboard	暂时将控制权交给键盘（键入字符串 return 退出）
pause(n)	暂停 n 秒；若无 n，表示暂停，直至用户按任意键
return	终止当前命令的执行，返回到调用函数
Wait for button press	暂停，直至用户按鼠标键或键盘键

下面对表 5.1 中的常用命令作详细说明。

（1）^C。强行停止程序运行的命令。操作时先按下 Ctrl 键，不抬起再按 C 键。在发现程序运行有错或运行时间太长时，可用此方法中途终止它。

（2）break。该命令可以使包含 break 的最内层的 for 或 while 语句强行终止，立即跳出该结构，执行 end 后面的命令。

（3）continue。该命令用于结束本次 for 或 while 循环，与 break 命令不同的是，continue 只结束本次循环而继续进行下次循环。

（4）input('提示符')。程序执行到此处暂停，在屏幕上显示引号中的字符串，提示用户应该从键盘输入数值、字符串和表达式，并接受该输入。

（5）pause(n)。该命令用来使程序运行暂停 n 秒，缺省状态即没有参数 n，表示等待用户按任意键继续。该命令用于程序调试或查看中间结果，也可以用来控制动画执行的速度。

（6）return。该命令是终止当前命令的执行，并且立即返回到调用函数或等待键盘输入命令，可以用来提前结束程序的运行。当程序进入死循环时，只能用 ^C 来终止程序的运行。

5.2.4　MATLAB 编程举例

（1）编制 M 文件实现分段函数：$y = \begin{cases} -10, & x \leq -1, \\ 0, & -1 < x < 1, \\ 10, & x \geq 1。 \end{cases}$

① 用函数文件来实现，文件名为 f1.m。

```
function y=f1(x)
```

```
if x<=-1
    y=-10;
elseif x>=1
    y=10;
else
    y=0;
end
```

下面是在机器上运行该程序的各种方式,注意各种指令后的执行。

```
>> y=f1(-3)
y=
         -10
>> x=0.5;
>> f1(x)
ans=
      0
>> p=f1(2)
p=
      10
```

② 用程序文件来实现,文件名为 f2.m。

```
clear
x=input('请输入数据 x=');
if x<=-1
    y=-10;
elseif (x>-1)&(x<1)
    y=0;
else
    y=10;
end
y
```

该程序的运行情况如下:

```
>> f2                  % 屏幕上会显示"请输入数据 x=",提示用户输入数据
请输入数据 x= 5        % 如用户输入数据 5 之后,按回车键
y=
     10
>> f2
请输入数据 x= -8
```

```
y=
    -10
>> f2
请输入数据   x= -0.2
y=
    0
```

（2）编制程序，判断输入数据的奇偶性。

① 只考虑输入数字的情况。

```
% 文件名为 f3.m
clear
n=input('请输入数据   ');       % 引号中的两个空格是为了使输入的数据更醒目
if rem(n,2)==0                  % n 中的内容被 2 整除
    A='偶数';
else
    A='奇数';
end
disp(A)                         % 显示变量 A 中的内容
```

② 考虑输入是空格或直接按回车键的情况。

```
% 文件名为 f4.m
clear
n=input('请输入数据   ')
if isempty(n)==1                % 用户没输入数据或只输入空格，即判断 n 的内容为空
    A='没有输入数据';
elseif rem(n,2)==0
    A='偶数';
else
    A='奇数';
end
disp(A)
```

下面运行该程序，注意程序运行的各种结果。

```
>> f4
请输入数据   3
奇数
>> f4
请输入数据   4
偶数
```

```
>> f4
```

请输入数据

没有输入数据

（3）编制程序，寻找输入数组中的最大数。

```
% 文件名为 f5.m
clear
x=input('请输入数组数据 x=[x1,x2,…]=   ');        % 提醒用户按格式输入
n=length(x);
max=x(1);
for i=2:n
        if max<=x(i)
                max=x(i);
        end
end
disp(max)
```

下面运行该程序：

```
>> f5
```

请输入数组数据 x=[x1,x2,…]=   [9, -4, 0, 3, 10, 2]

　　10

（4）求任意度数的三角函数值，并将正弦、余弦、正切及余切同时按表格形式显示出来。

```
% 文件名为 f6.m
clear
a=input('请输入角度（度）a=   ');
a=a*pi/180;
x=[sin(a),cos(a),tan(a),1/tan(a)];
disp('    sin     cos     tan     cot')  % 为了形成表格的头
disp(x)
```

运行该程序如下：

```
>> f6
```

请输入角度（度）a=   30

sin	cos	tan	cot
0.5000	0.8660	0.5774	1.7321

习题5

1. 利用 for 和 while 循环语句编制程序求：$sum = \sum_{i=1}^{1\,000} x_i^2 - 2x_i$，当 $sum > 1\,000$ 时停止运算。

2. 分别编写 M 函数文件和 M 程序文件来实现分段函数：$y = \begin{cases} x, & x \le 1, \\ 2x^2 + 1, & 1 < x < 3, \\ 3x^3 + x^2, & x \ge 3。 \end{cases}$

3. 编制程序完成下面的运算：$1 - \dfrac{1}{2} + \dfrac{1}{3} - \dfrac{1}{4} + \cdots + \dfrac{1}{99} - \dfrac{1}{100}$。

4. 编程创建一个 100×100 的方阵，其对角元素为5，其他元素均为3。

5. 编程计算：$1 - \dfrac{1}{2^3} + \dfrac{1}{3^3} - \dfrac{1}{4^3} + \cdots + \dfrac{1}{99^3} - \dfrac{1}{100^3}$。

6. 编程创建一个 29×30 的矩阵 A，要求 $a_{ij} = 1/(i+j-1)$。

7. 编程计算序列：$\dfrac{2}{1}, \dfrac{3}{2}, \dfrac{5}{3}, \dfrac{8}{5}, \dfrac{13}{8}, \dfrac{21}{13}, \cdots$ 前30项之和。

8. 编辑函数文件 hanshu.m，该函数是 $f(x) = x^3 - 3x^2 - x + 3$，并用它来计算 $f(0.34), f(3), f(6.87), f(3) - f(2)f^2(-4)$。

9. 列出所有的水仙花数，水仙花数是一个三位数，其各位数字立方和等于该数本身。例如：$153 = 1^3 + 5^3 + 3^3$。

10. 写出小于 5 000 的、立方的末四位是 8 888 的所有自然数的程序。

11. 定义多元函数 $f(x, y) = (x^2 + y^2) e^{-(x^2+y^2)}$，用它来计算 $f(-2,3), f(3,4), f(0,0)$，并画出它的图形。

图书在版编目(CIP)数据

MATLAB 基础教程/王勇编著. —上海:复旦大学出版社, 2019.5(2023.7重印)
ISBN 978-7-309-14323-2

Ⅰ.①M… Ⅱ.①王… Ⅲ.①Matlab 软件-高等学校-教材 Ⅳ.①TP317

中国版本图书馆 CIP 数据核字(2019)第 085359 号

MATLAB 基础教程
王 勇 编著
责任编辑/陆俊杰

复旦大学出版社有限公司出版发行
上海市国权路 579 号 邮编:200433
网址: fupnet@ fudanpress. com http://www. fudanpress. com
门市零售: 86-21-65102580 团体订购: 86-21-65104505
出版部电话: 86-21-65642845
盐城市大丰区科星印刷有限责任公司

开本 787×1092 1/16 印张 8.25 字数 171 千
2023 年 7 月第 1 版第 2 次印刷

ISBN 978-7-309-14323-2/T・647
定价: 28.00 元